高效养蜂你问我答

主　编　戴荣国

副主编　罗文华　王瑞生

参　编　任　勤　王小平　龙小飞　程　尚　姬聪慧

　　　　郭　军　曹　兰　刘佳霖　高丽娇　殷素会

U0212987

机械工业出版社

本书集作者的科研成果和实践经验于一体，以问答形式阐述了蜜蜂生物学、蜜蜂品种资源、蜜粉源植物资源、蜂场建设、蜂群基础管理、蜂群不同时期的管理、中蜂特殊饲养管理、蜜蜂病敌害防控、蜂产品生产技术、蜂产品保健功效及营销技巧、区域内主要蜜源植物及周边地区放蜂路线推荐、蜜蜂授粉、部分涉蜂法律法规解读等。

本书内容丰富翔实，形式新颖，具有科学性、先进性和实用性，理论深入浅出，技能通俗易懂，适合养蜂户和相关科技推广人员使用，也可供蜂业管理者、蜂产品经营者、蜜蜂文化爱好者及农林院校相关专业师生参考。

图书在版编目（CIP）数据

高效养蜂你问我答/戴荣国主编. —北京：机械工业出版社，2015.6
（2018.5 重印）
（高效养殖致富直通车）
ISBN 978-7-111-50034-6

Ⅰ.①高… Ⅱ.①戴… Ⅲ.①养蜂–问题解答 Ⅳ.①S89–44

中国版本图书馆 CIP 数据核字（2015）第 081631 号

机械工业出版社（北京市百万庄大街22号　邮政编码100037）
总策划：李俊玲　张敬柱　　　策划编辑：郎　峰　高　伟
责任编辑：郎　峰　高　伟　石　婕　责任校对：崔兴娜
责任印制：孙　炜
保定市中画美凯印刷有限公司印刷
2018 年 5 月第 1 版·第 5 次印刷
140mm×203mm·7 印张·199 千字
标准书号：ISBN 978-7-111-50034-6
定价：19.90 元

凡购本书，如有缺页、倒页、脱页，由本社发行部调换
电话服务　　　　　　　　　网络服务
服务咨询热线：010-88361066　机工官网：www.cmpbook.com
读者购书热线：010-68326294　机工官博：weibo.com/cmp1952
　　　　　　　010-88379203　金书网：www.golden-book.com
封面无防伪标均为盗版　　　　教育服务网：www.cmpedu.com

序1

改革开放以来，我国养殖业发展非常迅速，肉、蛋、奶、鱼等产品产量稳步增加，在提高人民生活水平方面发挥着越来越重要的作用。同时，从事各种养殖业也已成为农民脱贫致富的重要途径。近年来，我国经济的快速发展为养殖业提出了新要求，以市场为导向，从传统的养殖生产经营模式向现代高科技生产经营模式转变，安全、健康、优质、高效和环保已成为养殖业发展的既定方向。

针对我国养殖业发展的迫切需要，机械工业出版社坚持高起点、高质量、高标准的原则，组织全国20多家科研院所的理论水平高、实践经验丰富的专家学者、科研人员及一线技术人员编写了这套"高效养殖致富直通车"丛书，范围涵盖了畜牧、水产及特种经济动物的养殖技术和疾病防治技术等。

丛书应用了大量生产现场图片，形象直观，语言精练、简洁，深入浅出，重点突出，篇幅适中，并面向产业发展需求，密切联系生产实际，吸纳了最新科研成果，使读者能科学、快速地解决养殖过程中遇到的各种难题。丛书表现形式新颖，大部分图书采用双色印刷，设有"提示""注意"等小栏目，配有一些成功养殖的典型案例，突出实用性、可操作性和指导性。

丛书针对性强，性价比高，易学易用，是广大养殖户和相关技术人员、管理人员不可多得的好参谋、好帮手。

祝大家学用相长，读书愉快！

中国农业大学动物科技学院

序2

　　养蜂业集经济效益、社会效益与生态效益于一体，是一项投资小、周期短、见效快、生态环保、市场前景广阔的传统而又生机勃发的产业。我国幅员辽阔，域内地理环境复杂、生态条件多样；蜜蜂驯养历史悠久，积淀了丰富的蜜蜂、蜜源植物资源和传统养蜂经验，拥有良好的蜂业发展基础。近年来，随着新的《畜牧法》颁布实施，各级政府高度重视蜂业发展，纷纷出台扶持政策，部署下达产业项目，通过蜂业从业者和各级各界的共同努力，蜂业已经成为满足健康食品多元化需求、促进种植业提质增效、增加农民收入的重要特色产业。但是，与蜂业发达国家相比，我国蜂业的整体科技水平、产业化程度、产品市场竞争力尚有较大差距，尤其是面对新时期蜜蜂生存环境空间的约束、人们对蜂产品质量安全水平的苛求和农业对蜜蜂授粉的迫切需要，如何尽快提高从业者的科技水平，增加行业科技贡献率，促进蜂业持续快速健康发展更成为燃眉之急。

　　针对蜂业发展面临的相关问题，重庆市畜牧科学院蜂业研究所适时组织编著了《高效养蜂你问我答》一书，编著团队长期从事蜂业科学研究、科技推广培训工作，技术力量雄厚、成果著述丰硕、实践经验丰富。著者以问答形式阐述了蜜蜂养殖过程中常见的问题，理论深入浅出，技能通俗易懂，语言简练，科学性、针对性和实用性兼具，当是一部养蜂者、蜂产品经营者、蜂业管理者和蜜蜂文化爱好者的优秀科技读物。

　　值该书付梓之际，谨向编著团队表示热烈祝贺！希望其出版

后对提高蜂业发展水平起到积极的促进作用，借此为特色畜牧业发展、种植业增产提质和农民增收做出新贡献。

重庆市农业委员会副主任、教授

前　言

　　养蜂业隶属于我国传统养殖业，更是现代农业的重要组成部分。随着人们对蜜蜂作用认识的普遍提高，加之国家对蜂业发展的高度重视，近年来全国蜂业发展可谓"蜂"生水起，养殖规模迅速扩大，蜜蜂存养量已超 900 万群，占全球存养量的 1/8，位居世界之首，年产蜂蜜 45 万吨、王浆花粉等近 1 万吨，蜂产品直接效益达人民币 120 亿元。蜜蜂在采集花蜜的同时能使农作物、果树、牧草及其他显花植物充分授粉，增产效果显著，果实品质明显改善，产生良好的经济、生态和社会效益。

　　养蜂业的稳定发展为农民增收、提高农作物产量和维护生态平衡做出了突出贡献已成为不争的事实。然而当前我国养蜂业在饲养技术、综合利用、养蜂管理等方面与先进的养蜂国家相比尚存在很大的差距，特别是在新时期对蜂产品安全的新要求下，蜂产品生产的规范化、标准化已愈显迫切。高效养蜂仅仅是扩大规模还远远不够，更有效的办法是提高饲养技术水平，综合利用才可能事半功倍。蜜蜂生存空间面临的新问题、养殖规模快速增长导致的蜜源争夺及蜂群农药中毒等矛盾日益突显，养蜂人员老年化、文化程度低，加深了问题的复杂性，如何有效解决这些疑难问题是地方政府、蜂管部门及科技推广人员面临的新课题。

　　编者及其年轻团队依托国家蜂产业技术体系综合实验站的平台，在各级政府和职能管理部门的支持下，将科技推广和技术培训活动中发现的各类问题梳理成条，再根据养蜂生产实际情况，采用通俗易懂的语言、以问答方式编写了本书，内容涵盖了蜜蜂生物学、饲养管理、产品加工、产品功效、蜂病防治、蜜蜂授粉

和涉蜂法律法规等方面知识。

　　本书是"国家蜂产业技术体系建设"成果的组成部分，在撰写和出版过程中，国家蜂产业技术体系首席科学家吴杰研究员给予了指导，并在百忙中对全书进行了审核；重庆市农业委员会及重庆市畜牧技术推广总站专家根据蜂业发展和蜂农的需求对本书的编写提出了宝贵意见；重庆市农业委员会副主任王健教授为本书作序。在此谨向以上单位和个人致以诚挚的谢意，对本书参考和引用的国内外有关资料及图片的作者，表示深深的感谢。

　　由于我国地域辽阔，南北气候各异、蜜源不同、蜂种差异等诸多因素影响，书中所推荐解决疑难问题的办法仅是抛砖引玉，加之受编者学识水平和实践经验的局限，书中错误和不妥之处在所难免，在此恳请广大读者批评指正。

编者

2015 年 4 月

目　录

高效养蜂
你问我答

第六章　蜂群不同时期的管理

第七章　中蜂的特殊饲养管理

第八章　蜜蜂病敌害防控

高效养蜂

你问我答

第九章 蜂产品生产技术

第十章　蜂产品的保健功效及营销技巧

第十一章　区域内主要蜜源植物及放蜂路线推荐

目录

第十二章　蜜蜂授粉

第十三章　部分涉蜂法律法规解读

附录

参考文献

第一章
蜜蜂生物学

1 营社会性蜜蜂的生物特性是什么?

目前已知在30个昆虫目中,仅8个目出现了营社会性生活的种类。在蜜蜂总科下的6个科中,仅在蜜蜂科中有完全社会性的种存在。

蜜蜂早已进化为营群体生活的社会性昆虫,有着营社会性昆虫的共同生物特点,群体内亲代与子代共同生活,这就是一个大家庭。换句话说蜜蜂群(窝、桶、笼箱)是蜜蜂生活和生产的基本单位。这样的群体在不断变化的环境中,具有很强的生存能力。进行科研时可以个体观察整体描述;从生产的观点看,必须有生产能力的蜂群,才算是一群蜂,即以一群蜂评价整体生产的能力或效益。如采蜜群、繁殖群、王浆生产群等。不够生产资格的蜂群,如交尾群、无王群等,一般不计算在内。总之单只蜜蜂脱离群体就不能生存下去,它们泌蜡筑巢,采集储蜜,既各司其职,又相互依存,形成完全社会性型或称周年社会性型的群体种存在。

对营社会性生活的蜜蜂类、胡蜂类、蚁类进行比较,蜜蜂群由雌性蜂的蜂王、工蜂和雄蜂三型蜂组成,蚁类雌性虫分化出三种级型并存,即母蚁、工蚁、兵蚁并存。不难看出它们是分别独立发展起来的,它们群体间的社会性结构非常相似,也是趋同进化的结果,但完全社会性的蜜蜂、胡蜂的等级系统发展,又远不

及蚁类。

2 蜂群的组成特点及各自作用是什么？

蜂王、工蜂和雄蜂三种类型的蜂，又称为三型蜂，它们高效、有序地组成了一个完整蜂群，其特点分别为：

（1）蜂王 由受精卵发育而成，是蜂群内唯一生殖器官发育完全的雌性蜂，个体最大，每群只有 1 只蜂王。蜂王在蜂群中所处地位特殊，任务繁重，是蜂群的枢纽和核心成员，通常受到全群照顾和优待。蜂王在蜂群通过"蜂王物质"统领全群正常生活，还有更重要的任务是专管产卵，意大利蜜蜂蜂王一昼夜可产 1500 ~ 2000 粒卵，中华蜜蜂蜂王一昼夜可产 800 ~ 1000 粒卵。蜂王的自然寿命可达 5 ~ 6 年，但生产中常常采用每年换王的方式来获得更好的生产性能。

（2）工蜂 由受精卵发育而成，但是生殖器官发育不完全的雌性蜂，每群蜂有工蜂数万只，是蜂群的主体，也是蜂群生活的主宰者和蜂产品的生产者。工蜂的任务是担负蜂群的所有工作，如采蜜、采粉、哺育幼虫、泌蜡造脾和清洁保卫等。在采集季节，工蜂的平均寿命只有 35 天，而在越冬期可达 3 ~ 6 个月。

（3）雄蜂 由未受精卵发育而成，是蜂群内的雄性蜂。雄蜂的主要任务是交配，在繁殖季节每群蜂有雄蜂数百只到上千只，在非繁殖期工蜂便会把雄蜂驱逐出巢。

3 蜜蜂个体是如何发育而成的？

蜜蜂属于完全变态昆虫，一生经历卵、幼虫、蛹、成虫四个形态不同的发育阶段。蜜蜂三型蜂卵期都是 3 天，卵发育 3 天后孵化为幼虫。蜂王幼虫历期 5 天，工蜂 6 天，雄蜂 7 天，完成幼虫的发育，进入蛹期，然后工蜂将巢房封盖。中、意蜂蜂王封盖期均为 8 天；中蜂工蜂封盖期为 11 天，意蜂工蜂封盖期为 12 天；中蜂雄蜂封盖期为 13 天，意蜂雄蜂封盖期为 14 天。中蜂和意蜂发育历期，见表 1-1。

表 1-1　中蜂和意蜂发育历期

蜂种	级型	发育历期/天			
		卵期	未封盖幼虫期	封盖幼虫和蛹期	总发育天数
中华蜜蜂	蜂王	3	5	8	16
	工蜂	3	6	11	20
	雄蜂	3	7	13	23
意大利蜜蜂	蜂王	3	5	8	16
	工蜂	3	6	12	21
	雄蜂	3	7	14	24

④ 是谁来控制蜂群家族?

为什么蜂群家族分工明细?产卵多少和时间及蜂群如何维持稳定?这些是谁来掌控?是蜂王!蜂王能够释放外信息素控制蜂群的安定。蜂王上颚腺分泌的"蜂王物质"通过在工蜂间的食物传递,使得蜂群的整个活动井然有序,达到蜂王控制蜂群的目的。蜂群一旦失去蜂王,工蜂便出现一些异常现象,比如骚动不安、采集消极、哺育幼虫积极性下降等。

⑤ 蜂王是怎样产生的?

(1) 蜂王的产生　在下列三种情况下,常可产生新的蜂王:

1)自然分蜂:当蜂群旺盛,蜂多于脾时,工蜂即筑造多个王台,培育新王,准备分蜂。

2)自然交替:当蜂王衰老或伤残时,工蜂常筑造 1～3 个王台,培育新王,进行交替,但不分蜂。

3)急迫改造:当蜂群突然失王时,约过 1 天后,工蜂就将紧急改造工蜂房中 3 日龄以内的幼虫,扩大巢房,加喂王浆,培育新王。

(2) 蜂王出台　新王出台前 2～3 天,工蜂先咬去蜡盖,然后蜂王自己咬开茧衣,爬出台外,称为出台。新王出台后十分活

跃，巡行各脾，破坏其他王台，驱杀其他蜂王，以巩固其地位。但新王胆小怕光，当人提脾检查时，常潜入工蜂堆中不易找到，所以应细心注意。

6 蜂王是怎样交配的？

出台后的蜂王称为处女王，5~6 天后性成熟，这时腹部经常伸缩，并开始有工蜂追随。蜂王常在晴天中午气温达 20℃ 以上时飞出巢外交尾，称为"婚飞"。每次飞行 15~50 分钟，距离 5~10 千米。蜂王遇到雄蜂后，即被追逐、交配，交配后雄蜂生殖器拉断脱落，堵塞蜂王阴道口，阻止精液外流。第 2 只雄蜂交配时将第 1 只雄蜂留下的生殖器拔掉，以此类推。每次飞行可与数只雄蜂交尾，最后带着雄蜂黏液排出物形成的白色线状物，飞回巢中，这种线状物称为"交尾标志"。蜂王交尾后，工蜂追随，以示欢迎。并用上颚拉出线状物。在 1~2 天内，蜂王共和 7~15 只雄蜂交尾，把精子储存在受精囊中（可储精子 500 万个以上），供其一生之用。蜂王每产 1 粒卵，要放出 10~12 个精子。蜂王的交尾期为 1~2 周，过期不再交配，如果误配，即行作废。

7 蜂王是怎样产卵的？

蜂王交尾成功后，腹部膨大，行动稳重，2~3 天后开始产卵，专心致志，坚守岗位，除分蜂逃亡外，再也不出巢外飞行和交尾。正常情况下，蜂王凭借腹部的感觉，在工蜂房产受精卵，在雄蜂房产不受精卵。产卵由中部向两侧依次产，每房产 1 粒卵，产卵可以产到房底的就是好王，否则是劣王。意蜂每天可产卵 1500~2000 粒，中蜂产卵 800~1000 粒，总重量相当于其体重的 2~3 倍。每分钟产卵 3~5 粒，连产 15~20 分钟，休息一次。休息时有 10~20 个侍从工蜂喂饲和刷拭，鼓励其多产卵。一个强群好王，全年可产卵 20 万粒，按工蜂寿命算，采集期可拥有工蜂 4 万~6 万只，中蜂比意蜂少一半。

8 雄蜂是怎样产生的？

雄蜂一般出现于春夏，消失于晚秋，数量由数百只到上千只（一般不超过正常蜂群总数的5%）。雄蜂专司交尾，别无他用。

雄蜂的产生是在分蜂时期，蜂王产少量不受精卵，发育成雄蜂，雄蜂只有母亲，没有父亲。

9 雄蜂是怎样生活与交配的？

多数雄蜂的生活是悲惨的，雄蜂不具备工作和自卫能力，食量也大，在非繁殖期，特别是缺蜜时期，工蜂常将其驱逐出巢，使其冻饿而死，人工管理中也是见雄必杀，认为其过寄生生活白费饲料。近年来一些实验表明，限制和不限制雄蜂，对蜂群生产无显著影响，原因是雄蜂还可以以某种作用促使蜂群工作更加积极。

在繁殖季节，雄蜂可不分群界，进入其他蜂群而不受阻拦，这种特性有利于避免近亲繁殖。雄蜂出房12天后达到性成熟，交配期约2周，所以人工育王时必须提前2周培养雄蜂。雄蜂性成熟后，常在午后2：00～4：00出巢飞游。雄蜂在空中形成一个密集的"飞行圈"，以等待"处女王"到来，这种现象叫作出游，每次飞行25～27分钟，一天数次飞行，飞行范围2～5千米，高度20～30米。雄蜂在遇到处女王时，立即追逐和交配，阳茎外翻，囊状角插入蜂王交配囊中，射精后拉断生殖器翻转掉落，很快死亡，所以雄蜂是"婚礼"和"葬礼"同时举行的。雄蜂如果出游未能遇到处女王或竞争落选时，只好回巢接受工蜂姐妹们的"安慰"，以待第二天或第三天再出游。

10 工蜂是怎样生活与工作的？

工蜂一生出生就开始工作，直到老死。工蜂按发育阶段、生理日龄担任着各种不同的工作。

（1）幼龄蜂 1～6日龄工蜂称为幼龄蜂，王浆腺等不发达，绒毛灰白色。3日龄内的幼蜂，由其他工蜂饲喂，这些工蜂还担任保温、孵化和清巢等工作。4~6日龄的工蜂，可调制蜂粮（蜂蜜和蜂花粉的混合物），喂养较大的幼虫。

（2）青年蜂 7~18日龄工蜂称为青年蜂，王浆腺等腺体发达，绒毛较多，主要担任内勤工作。7~12日龄的工蜂，喂养较小的幼虫。每只幼虫平均每天需喂1300次，每只越冬蜂可育虫1.1只，春季的新蜂可育虫3.9只。13~18日龄的工蜂蜡腺发达，担任酿蜜、调制蜂粮和泌蜡造脾等内勤工作，并逐渐出巢采集。

1）酿蜜：由外勤蜂采回花蜜，并从蜜囊中吐出，分给3~4个内勤蜂，经过它们反复吸入吐出调制20分钟，混入唾液和酶，存放于蜜房中。使水分由50%~60%蒸发至20%~25%，蔗糖转化为葡萄糖和果糖，经4~6天后即成熟为蜂蜜，然后封盖储存。每2千克花蜜可酿制1千克蜂蜜。蜂蜜是蜜蜂的能量饲料，育成1万只蜂，需蜂蜜1.14千克。

2）调制蜂粮：外勤蜂采回花粉，铲放于巢房，由内勤蜂咬碎混入蜂蜜、唾液和酶，再用头顶压实，经适当发酵，则成蜂粮。蜂粮是蜜蜂的蛋白质饲料，育成1万只蜂需1.5千克。

3）泌蜡造脾：在流蜜期间，青年蜂饱食蜂蜜，经蜡腺细胞转化，分泌出蜡质。1只工蜂一生分泌蜡0.05克，约200片。由于气候、蜜源等限制，一个中等蜂群年产蜡为1~2千克，每产1千克蜡需耗蜜6~7千克，产蜡就是热能转化过程。即3.04千克蜜转化成1千克蜡，加上泌蜡1千克，蜜蜂自身耗蜜量约为3千克，所以每产1千克蜡，实际需消耗6~7千克蜜。

究竟产蜜合算还是产蜡合算，要看市场动态。另外，目前有些新的理论认为，产蜡与产蜜并不矛盾，因为即使不产蜡，也多产不了蜜。

（3）壮年蜂 18~30日龄工蜂称为壮年蜂。其特点是腹部黑黄两色环带明显，体格健壮，主要从事外勤采集工作。据研究，外勤蜂中58%负责采蜜，25%负责采花粉，17%二者兼采或采水。

1）采蜜：蜜蜂用"吻"吸取花蜜后，用来酿制蜂蜜，每次采集需"访问"成百上千朵花，蜜蜂最适宜的采集气温是20~

25℃，意蜂在 12℃以下、32℃以上时停止采集；中蜂在 10℃以下、40℃以上时停止采集。最适宜的采集范围半径为 1 千米，有效半径为 2 ~ 3 千米。工蜂每飞行 1 千米需耗蜜 0.5 毫克，所以再远就不经济了。在采蜜期，工蜂每天出勤 8 ~ 10 次，每次 27 ~ 45 分钟，间隔 4 ~ 16 分钟。1 只工蜂一次可采蜜 35 ~ 40 毫克，一生出勤 80 ~ 120 次。一个中等蜂群，平均全年自身耗蜜 90 ~ 100 千克，可提供商品蜜 25 ~ 50 千克。

2）采花粉：蜜蜂落到花上，以绒毛黏附花粉，并收集于后足花粉筐中带回蜂巢，用其调制蜂粮或直接食用。每次飞行 6 ~ 10 分钟，采花粉 12 ~ 29 毫克。育成 1 万只蜂需花粉 0.9 千克，一个中等蜂群年需花粉 15 ~ 20 千克。花粉是蜜蜂的蛋白质饲料，平均含蛋白质 20%、糖 28%、脂肪 20%、矿物质 5%、水分 10% ~ 20%，外界缺乏粉源时，可参照上述成分配制人工花粉补饲，一般用豆面粉、奶粉来代替。

（4）老龄蜂 30 日龄以上的工蜂称为老龄蜂，特点是绒毛磨光，体表光秃油黑。老龄蜂主要担任采水和部分采蜜的工作。育虫期每群蜂日需 200 ~ 500 克水，通常酿蜜蒸发的水分即可满足需要，春季或干旱时则需采水。在蜂场中设置饮水器（水盆中加个木条浮子），可减轻蜜蜂劳动或减少死亡。

此外，工蜂还担任采胶、调节温度和湿度、清理和保卫巢箱等工作。工蜂多说明群势壮，外勤蜂多说明采集力强，采集期外勤蜂应占 50% 左右。所以，有计划地使壮年蜂出现的高潮和主要流蜜期相吻合是奠定丰产的基础。即在主要流蜜期前 40 天，对蜂群进行奖励饲喂，扩大产卵繁殖，大量繁殖新蜂，即可将其在主要流蜜期投入采集。如果突然失王、巢内又无培养新王条件时，个别工蜂也能产卵，但只产不受精卵发育成雄蜂，蜂群就会解体，此类情况应予以防止。

11 蜜蜂有哪些行为？

蜜蜂是高度社会化的昆虫，具有复杂的社会行为。蜜蜂具有飞行、采集、储存、守卫、泌蜡造脾、哺育、饲喂、分蜂、繁殖、信息交换、交配、产卵等行为。蜂王、雄蜂、工蜂各有自己不同的行为，对工蜂来说，其行为还具有阶段性，即工蜂一般按照日龄顺序具有一定的分工。蜜蜂的主要行为有：

（1）飞行 飞行是蜜蜂巢外活动的主要形式，如采集、交配、认巢、分蜂等都要飞行。蜜蜂飞行活动的范围主要在 500 米的范围内，如果蜜粉源稀少，中蜂可扩大到 2 千米外，意蜂可扩展到 5 千米。一般情况下，意蜂的飞行活动半径为 2 ~ 3 千米；中蜂为 1 ~ 1.5 千米。蜜蜂飞行的高度约 1 千米。

（2）采集 蜜蜂的采集主要包括采集花蜜、花粉、水、树胶等。采集蜂多为壮年蜂和老年蜂。蜜蜂采集飞行的最适温度为 15 ~ 25℃，当外界气温低于 8℃ 时，工蜂还能出巢采集。中蜂比意蜂耐寒，低温阴雨天也能出巢采集。

（3）建造蜂巢 蜜蜂泌蜡造脾由工蜂完成，工蜂腹部有 4 对蜡镜，能分泌蜂蜡，其中 7 ~ 21 日龄的工蜂蜡腺最发达。从事造脾的工蜂在开始造脾时，都会吸收足够的蜂蜜，然后悬挂在巢框上，准备造脾。工蜂先用后足跗节花粉耙上的硬刺，从腹部蜡腺处取下蜡鳞，经前足传送到上颚，并混入上颚分泌物，将蜡软化，进行巢脾修造。一般情况下，工蜂建造一个巢房需要蜡鳞 50 个左右，而建造一个雄蜂房则需要 120 片左右。

（4）饲喂 卵孵化为幼虫以后，都需要蜜蜂进行饲喂，直到封盖新蜂羽化出房。蜂王大多数情况下都需要工蜂饲喂。在 3 日龄以下的小幼虫，都由工蜂分泌的王浆饲喂，而在 3 日龄后，工蜂和雄蜂的幼虫则由工蜂饲喂蜜和蜂粮，而蜂王的幼虫及蜂王的一生都由工蜂饲喂王浆。

（5）信息传递 蜜蜂群体具有完善的信息传递方式，这和其社会生活的协调工作相关。蜜蜂的信息传递主要为蜂舞和信息素。

（6）交配 蜜蜂的交配在空中完成。蜂王的婚飞就是处女王和雄蜂在空中完成交配的过程。待处女王出房 5 天左右达到性成熟，8～9天后便在晴暖无风的午后进行2～4小时出巢交尾行。雄蜂在出房12～20天达到性成熟。蜂王一次婚飞可与10只左右的雄蜂交配，如果一次交尾数量不够，蜂王还会进行二次婚飞，但只要蜂王开始产卵后，则其一生不再交配。

（7）**分蜂** 自然分蜂是蜜蜂群体繁衍生存的唯一方式，也是其固有的本能。蜜蜂的分蜂行为一般发生在蜜粉源丰富、气候适宜、蜂群强盛的条件下，原群有一半左右的工蜂、部分雄蜂和老蜂王飞离原巢，另择新居。

（8）**守卫和防御** 蜜蜂防御的主要形式是保卫蜂巢不受侵犯，在受到外来生物侵扰时，工蜂便在巢门前排成行，一起摇摆腹部，发出警告声，并且会发生厮杀现象，同时释放报警信息素，招引更多的守卫蜂来加入守卫。

（9）**迁飞** 在蜜蜂处于不良环境时，如蜜粉源枯竭、寒冷酷热、人为干扰、病害侵袭等，此时环境已不再适应蜂群的发展，于是蜂群便弃掉原巢迁飞另觅新巢生活。

> ➡ **【提示】**不同的蜂种有着不同的迁飞习性，东方蜜蜂比西方蜜蜂更容易发生飞逃。飞逃前工蜂处于"怠工"状态，出勤明显减少，停止守卫等；蜂王腹部缩小，停止产卵；巢内幼虫数量明显减少，当巢内的封盖子基本出房后，天气较好的时候便开始迁飞。

（10）**盗蜂** 在外界蜜源缺乏的季节，有些蜂群的工蜂趁其他的蜂群戒守不严，进入其他群，偷盗蜂蜜回本群，这时被盗群工蜂往往会与盗蜜蜂群发生厮杀。

12 蜜蜂有哪些采集特性？

蜜蜂为了生存和繁衍后代，全部通过采集行为来获得所需的营养物质。蜜蜂的采集主要包括花蜜、花粉、水、树胶等。

（1）**花蜜的采集** 在蜜源旺盛期，一个具有较强群势的蜂群大约有1/3的蜂在巢外参与采集工作，2/3的蜂留在巢内。采集蜂每次出巢采集历时 27～45 分钟，每次在巢内停留约 4 分钟。1 天中出巢采蜜平均为 10 次，最高达 24 次。采蜜蜂平均载蜜量为 40 毫克，最高达 80 毫克。

（2）花粉的采集 工蜂在形态构造上高度特化，例如，其后足特化为携粉足，全身布满绒毛，均有利于花粉的采集。影响蜜蜂采集花粉的因素有花的种类、温度、风速、相对湿度以及巢内条件等。

据观察，蜜蜂采集花粉 1 次采满约访 100 朵花；1 次采满花须采集 6～10 分钟，最高 187 分钟；每日一般采粉 6～8 次，平均 10 次，最多达 47 次；每次采粉重量为 12～29 毫克。

气温若低于 12℃或高于 35℃，不利于采粉蜂的工作。每小时风速达 17.6 千米时，采粉蜂减少，达 33.6 千米时，采粉工作便停止。

蜜蜂采集来的花粉中，约含有 20%以上的蛋白质，28.4%的糖分和 19.8%的脂肪。

（3）水的采集 一般情况下，蜜蜂对水的需要都可以从采集回来的花蜜中得到满足，但在缺少蜜源的早春、盛夏和比较干旱的时节，蜜蜂必须采集水来培育幼虫及维持巢内湿度。蜜蜂采水主要用于稀释蜂蜜、调整幼虫饲料、降低巢温、调节巢内湿度及自身需要等。因此在干燥、炎热、外界水源缺乏的时节，必须给蜜蜂提供水源。

（4）蜂胶的采集 蜜蜂采集树胶主要用于堵塞缝隙、裂缝、缩小巢门及包埋无法清理出巢的小动物的尸体等。西方蜜蜂有采集树胶的习性，而东方蜜蜂无此习性。

13 蜂巢的构成是怎样的？

蜂巢是蜜蜂居住和生活的场所，是工蜂用其腹部蜡腺分泌的蜂蜡加工而成，由许多个六边形棱柱状的小巢房连成一片成为巢脾，许多巢脾结合而成蜂巢。巢脾上的巢房依尺寸大小又分为工蜂房、雄蜂房和王台。它们的功能各不相同：工蜂房主要是用来培育工蜂、储存蜂蜜和花粉；雄蜂房主要是用来培育雄蜂和储存蜂蜜；王台则用来培育处女王。中蜂的工蜂房内径为 4.4～4.5 毫米，意蜂的工蜂房内径为 5.3～5.4 毫米。中蜂的雄蜂房内径为 5.0～6.5 毫米，意蜂的雄蜂房内径为 6.25～7.00 毫米。蜂巢中各脾间有 10～12 毫米的蜂路，供蜜蜂通行。一个标准巢脾，中蜂两面有 7400～7600 个工蜂房，意蜂两面有 6600～6800 个工蜂房。每张脾上布满蜜蜂时约有 2500 只。巢脾和巢房是蜜蜂产卵、育虫和存放饲料蜜粉的场所。产卵育虫的脾称为子脾，位于巢箱中部，存放饲料的脾称为蜜、粉脾，位于巢箱的两侧。这两种脾并没有严格的界线，子脾上面也可以储蜜，蜜脾中下部有时也可供产卵育虫。整个蜂巢内，蜜蜂产卵和储蜜区之间是储存花粉区。

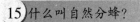 **蜜蜂是怎样泌蜡与造脾的？**

蜜蜂的生活、栖息、繁衍都与巢房有着密切的关系，蜜蜂只有在蜂群内饲料充足、外界蜜粉源稳定、不断有新鲜的花蜜和花粉大量进入蜂群时，其蜡腺才会泌蜡，才会在巢内筑建大量的巢房。在良好的条件下，蜜蜂分泌 1 千克蜂蜡，需消耗 3.5～3.6 千克蜂蜜。1 千克蜜蜂在蜜粉源条件优越的情况下，可分泌 500 克蜂蜡。蜂群在丧失了蜂巢或蜂巢内感到拥挤的情况下会积极地泌蜡造脾。

什么叫自然分蜂？

自然分蜂是蜜蜂的群体活动，是蜜蜂在自然条件下繁衍的主要方式。自然分蜂是指蜂群在气候温暖、蜜源丰富、群势强大时，群内自己培育王台，老蜂王和近半数工蜂离巢出走，将原群自动地分成为两群或更多群的现象。

怎样发现自然分蜂的征兆并预防？

当蜂群内开始培育雄蜂时，这说明不久就要开始分蜂了。在

临近分蜂的季节，工蜂会在巢脾下缘筑造王台，并迫使蜂王在王台内产下受精卵，工蜂逐渐停喂蜂王，使其腹部缩小，产卵减少，以利分蜂飞行。在王台封盖后 2～5 天，在晴暖之日，就会出现分蜂活动。在即将分蜂时，工蜂怠工，饱食蜂蜜，箱内骚动不安，部分工蜂散到箱外挂串结团，振翅发声。

自然分蜂的预防主要通过：加强抚育，调入幼虫脾，调走封盖子脾，多取王浆；开启上下通风纱窗，加强通风；增加空脾和继箱，扩大蜂巢；及时取蜜，加巢础造脾；适时换王，勤割雄蜂房，剔除自然王台；蜂王剪翅或加巢门隔王片，避免王走；及早人工分蜂等。

17 蜂群内最佳的温度和湿度是多少？

蜂群内的温度和湿度与群内有无蜂子有关，当群内无蜂子时，蜂群内的温度和湿度要求不很严格，一般随外界变化而变化，温度可在 14～32℃范围内变动。当群内有蜂子时，蜂巢内的中心温度基本恒定在 34.4～34.8℃之间，有蜂子的部分温度就稳定地保持在 32～35℃，蜂巢外侧没有蜂子的部分，温度在 20℃上。蜂群内的湿度一般维持在 35%～75%之间。

18 蜜蜂是怎样调节巢内温度和湿度的？

要维持蜂群内温度恒定，必须以一定群势大小为基础。试验证明，只有当蜂群内的工蜂数量达到 15000 只，才能维持群内温度恒定。因此，在养蜂生产中，特别是早春，切勿将弱小蜂群的保温物随便除去，否则会引起蜂群受冻而使早春繁殖失败。

在有蜂子的蜂群内，当外界的气温非常低时，蜜蜂为了维持群内温度为 34.4～34.8℃，主要途径是通过以下三条：一是靠成年蜂加速进食蜂蜜，加速新陈代谢而产生能量；二是靠成年蜂密集结团；三是靠蜂群内的幼虫和蛹呼吸产生的热量。当外界气温大于 34.8℃时，蜜蜂就以下列三种方法来降低温度至 34.8℃：一是靠成年蜂分散，爬到蜂箱壁、箱底和箱外；二是蜜蜂采集水，并把水分涂在巢房、箱壁等地方，使水分蒸发吸收箱内热量，达到降温的目的；三是有部分工蜂自动在巢内和巢门口排成几列长队，用翅膀往同一方向高速而协调地扇风，从而加强空气流通，散发热量。

在自然条件下，温度和湿度这两个因素同时存在，而且是密不可分的。水分的蒸发提高了湿度，同时又降低了温度。在了解了蜂群内的温湿度后，人们可以有目的地创造有利于蜂子发育的温湿度条件，这对加强培育蜂子和提高工蜂采集积极性，都有重大意义。

19 蜜蜂对温度的耐受临界点是多少？

蜜蜂属于变温动物。单一蜜蜂在静止状态时，其体温与周围环境的温度极其相近。中华蜜蜂和意大利蜜蜂的个体安全临界温度，分别为10℃和13℃。意大利蜜蜂个体在13℃以下，逐渐呈现冻僵状态；在11℃时，翅肌呈现僵硬；在7℃时，足肌呈现僵硬。当气温降到14℃以下时，蜜蜂逐渐停止飞翔。气温达40℃以上时，蜜蜂几乎停止田野采集工作，有的仅是采水而已。

蜂群中的封盖子，对温度的变化极端敏感。用恒温箱在不同温度下饲养封盖子的试验证明，蜂子在20℃时，经过11天死亡；在25℃时，经过8天死亡；在27℃时，通常羽化成蜜蜂，但都立即死亡；在30℃时，能全部羽化成蜜蜂，但都推迟了4天；在35℃时，蜂子全部在正常时期羽化；在37℃时，工蜂的发育期虽然缩短3天，但封盖子却大量死亡，并出现许多发育不全的蜜蜂；在40℃时，蜂子全部死亡。

20 蜜蜂有语言吗？

蜜蜂有语言。科瓦西（Karl von Frisch）是蜜蜂行为学的奠基人，他对动物通讯的研究为动物行为学这门学科的创立做出了巨大的贡献，1973年他因发现蜜蜂舞蹈语言而获得了诺贝尔生理学医学奖。

㉑ 蜜蜂是怎样传递信息的?

蜜蜂传递信息的方法有两种,一种是释放信息激素;另一种是蜜蜂舞蹈语言。

信息激素是蜂群内蜂王和工蜂分泌的一种混合物,借助空气的流动或个体接触传递,目前已经发现了数十种蜜蜂信息激素,它们的主要作用是维持蜂群内的秩序等。

舞蹈语言是蜜蜂传递采集信息的方式,侦察蜂发现蜜源后回巢,以不同形式的舞蹈表达蜜源和粉源的数量、质量、方向和距离等。目前已发现了许多种蜜蜂的舞蹈,但主要是圆形舞和摆尾舞。

当蜜源、粉源在 100 米以内时,侦察蜂在巢脾上,反复绕圈爬行,一次向左,一次向右,约半分钟转换一个位置,重复进行圆形舞。圆形舞是最简单的蜜蜂舞蹈,不能精确表明食物的距离和方向。

当蜜源、粉源在 100 米以外时,侦察蜂在巢脾上,一边摇摆腹部,一边绕行"8"字形舞圈,一边不停地摆动腹部跳摆尾舞。蜂舞转得快表示距离近,转得慢表示距离远。在垂直的巢脾上,蜜蜂重力线就表示太阳与蜂箱的相对位置,蜂舞中轴线和重力线所形成的交角,则表明以太阳为准,所发现食物的相对方向。

㉒ 蜂群周年生活的消长规律是怎样的?

蜂群随着外界气温和蜜粉源的变化,而出现一定规律的消长,这些消长变化主要分为四个时期:春季繁殖增长期、夏季采蜜及蜂群增殖期、秋季繁殖更新期、越冬期。

(1) 春季繁殖期 蜂群的春季繁殖期是指蜂群从越冬结束一直到第一个主要蜜源到来的整个时期。蜂群越冬后,巢内都是老年蜂,尽快培育新蜂来替掉老蜂是这个时期的重点。早春外界气温上升,蜜蜂便出巢排泄,当巢内温度达到育子温度后,蜂王便开始产卵,蜜蜂的工作量随之加大,加快了工蜂的衰老,蜂群数量有一定的下降趋势。随着新蜂出房逐渐代替了老蜂后，蜜蜂数量开始上升。随着新蜂哺育力的提高，老蜂死亡的数量小于新蜂出房数量，与此同时蜂王的产卵力也明显提高，结果就是蜂群迅速壮大。蜂群中的老蜂被替代后，由于新蜂寿命长、哺育力强，蜂王产卵力强，蜂群中子脾面积大，而且整脾封盖子大量出现，给蜂群发展积累大量的青年工蜂。此时，蜂群中便会出现雄蜂巢房，开始哺育雄蜂，在后期会出现王台，蜂群的发展进入下一个时期。

（2）**夏季采蜜及蜂群增殖期** 在蜂群发展到一定程度时，便开始出现自然分蜂，这是蜂群繁殖的唯一方式。此时如果外界蜜源丰富，蜜蜂则将注意力转到采集当中，获得大量的蜂蜜等产品，为蜂群下一阶段的发展做好准备。在自然界，蜜蜂都是按照蜂群的发展而发生自然分蜂，但在饲养管理中，如果在大流蜜期发生自然分蜂，对获得蜜蜂产品是不利的，所以在大流蜜期到来之前，就要采取一定措施，防止分蜂，获得高产。

在主要流蜜期，由于蜜蜂采集积极，容易衰老，寿命缩短，死亡也比较快，此时的蜂群群势呈下降趋势。由于巢内有大量的幼虫和封盖子脾，在采蜜后期，蜂群的发展恢复也比较快。

（3）**秋季繁殖更新期** 进入秋季后，外界蜜粉源越来越少，且刚越夏后的蜂群中老蜂大量积累，而这些老蜂一般不能作为越冬蜂。秋季繁殖的目的就是淘汰掉老蜂，培育出一定数量的青年蜂，储备好优良饲料，为蜂群越冬做准备。

这些体格健壮的青年蜂，都保持着生理青春，没有参加过任何哺育和采集工作，在冬季寿命可达 3～5 个月，这就为蜂群越冬提供了保障，也是来年春季繁殖的主要依靠。

（4）**越冬期** 等秋季最后一批新蜂出房，经飞翔排泄后，随着外界气温的不断降低、蜜粉源枯竭、工蜂停止采集、蜂王停卵，蜂群逐渐进入越冬状态。在寒冷的冬季，蜂群以结团的形式保持巢内一定的温度，利用秋季储存的饲料维持其基本生命活动，度过整个冬季。

第一章 蜜蜂生物学

第二章
蜜蜂品种资源

23 全世界的蜜蜂品种有哪些?

目前世界上已经发现并公认的蜜蜂品种共有 9 种, 分别为黑大蜜蜂、大蜜蜂、黑小蜜蜂、小蜜蜂、东方蜜蜂、西方蜜蜂、印尼蜂、绿努蜂、沙巴蜂, 其中我国境内存在 6 种蜜蜂品种, 分别为: 东方蜜蜂、西方蜜蜂、黑大蜜蜂、大蜜蜂、黑小蜜蜂、小蜜蜂。

24 欧洲的著名蜜蜂品种有哪些?

在现代养蜂业中, 欧洲著名蜜蜂品种有意大利蜂、欧洲黑蜂、卡尼鄂拉蜂及高加索蜂四个重要品种。

25 欧洲生产中使用的主要蜂种及特点有哪些?

(1) 意大利蜜蜂特点 意大利蜜蜂原产于意大利的亚平宁半岛。个体比欧洲黑蜂略小, 腹部细长, 腹板几丁质呈黄色, 第 2~4 腹节背板的前部具黄色环带, 环带的宽窄与色泽深浅变化较大, 以两个黄色环带的居多。

意大利蜜蜂性情温驯, 产卵力强, 育虫积极, 分蜂性弱, 容易养成大群。蜂王产卵不受气候条件的影响, 从早春可延续到深秋。采集力强, 善于利用大宗蜜源, 不善于利用零星蜜源。分泌王浆和泌蜡造脾的能力强。不怕光, 提脾检查时安静, 便于管理，度夏能力较强。

意大利蜜蜂的缺点是：在外界缺乏蜜源的条件下，蜂王不能适应环境，继续大量产卵，饲料消耗量大；不耐寒，越冬性能差；盗性较强，定向力较差，易迷巢；易感染幼虫病。

（2）欧洲黑蜂特点　欧洲黑蜂原产于阿尔卑斯山以北的欧洲广大地区。个体较大，腹部宽。几丁质呈均一的黑色，有些个体在2~3腹节背板上有棕黄色斑；雄蜂胸部绒毛深棕色，有时黑色。

欧洲黑蜂的产卵力和培育力均不如意蜂。春季群势发展较慢，夏季以后可发展成强群，分蜂性弱，采集力强，能利用零星蜜源，但因其喙较短，对花冠较长的蜜源植物利用能力差。欧洲黑蜂节省饲料，在蜜源条件不良时很少发生饥饿现象；越冬性好，适合在较寒冷的地方饲养；定向能力强，不易迷巢，不易作盗。

欧洲黑蜂的缺点是：性情凶暴，畏光，爱蜇人，提脾检查时，常在脾上骚动，不便于饲养管理，且易感染幼虫病和易遭蜡螟危害。由于欧洲黑蜂性情凶暴，不适合现代养蜂业的需要，在很多地区已和意蜂、卡蜂或高加索蜂杂交，或是被它们完全取代。

（3）卡尼鄂拉蜂特点　卡尼鄂拉蜂原产于奥地利阿尔卑斯山南部和巴尔干半岛北部。工蜂大小与意蜂相似，腹部细长，几丁质黑色。腹部第2和第3背板常有棕色斑，绒毛灰色。

卡尼鄂拉蜂采集力强，善于利用零星蜜粉源，节约饲料。卡蜂对蜜源、气候条件的变化敏感。春季初次采集花粉就开始育虫。随后发展很快，因而分蜂性也较强。在夏季，只有当粉源充足的条件下才能维持大面积子脾。粉源缺乏时，育虫就受到限制，故秋季群势下降很快。性情温和，不怕光，易于管理。越冬性能强，度夏能力弱；泌浆能力较差，不宜用其生产王浆，抗病能力较强。

卡尼鄂拉蜂的缺点是：不能像意蜂那样维持大群；不耐热，

17

不宜长途转移地区；蜂王丢失率、死亡率和自然交替率都比意蜂高。

（4）喀尔巴阡蜂特点　喀尔巴阡蜂原产于罗马尼亚和外喀尔巴阡地区，最初是罗马尼亚本地蜂，属卡尼鄂拉蜂品种，是卡蜂的一个品系。1978 年引入我国。

喀尔巴阡蜂属黑色蜂种，工蜂体色与卡尼鄂拉蜂相似，蜂王多为褐色。喀尔巴阡蜂对外界敏感，育虫节律起伏明显。分蜂性弱，能维持一定的群势。采集力强，既能利用零星蜜源，也能利用大宗蜜源；耐寒，越冬性能非常好，节约饲料；定向力强，不易迷巢。

喀尔巴阡蜂的缺点是：在蜜源条件较差的情况下繁殖缓慢，不耐热，平时温驯，流蜜期比较暴躁。

（5）高加索蜂特点　高加索蜂原产于高加索山区的中部高原。工蜂大小与卡尼鄂拉蜂相似。工蜂腹部几丁质呈黑色，第 1 腹节背板上有棕黄色斑点，绒毛呈浅灰色，雄蜂腹部绒毛呈黑色。

高加索蜂性情温和，不怕光，产卵力强，可维持大群；采集力强，善于节约饲料。比较耐寒，越冬性能好于意蜂，适合北方饲养。

高加索蜂的缺点是：对外界条件敏感度低，秋季断子时间晚，工蜂活动频繁，容易秋衰。越冬期工蜂常飞离蜂团；定向力弱，易迷巢；盗性强，防卫能力低；极爱采树胶；爱造赘脾，易感染孢子虫病。

26 目前我国蜜蜂资源有哪些？

（1）东方蜜蜂资源　它们是北方中蜂、长白山中蜂、西藏中蜂、华南中蜂、海南中蜂、华中中蜂、阿坝中蜂、云贵高原中蜂、滇南中蜂。

（2）西方蜜蜂资源　它们包括培育品种（品系、配套系）：喀（阡）黑环系蜜蜂品系、白山 5 号蜜蜂配套系、国蜂 414 配套系、晋蜂 3 号配套系、浙农大 1 号意蜂品系、国蜂 213 配套系、松丹蜜蜂配套系；引入品种：意大利蜂、澳大利亚意大利蜂、高加索蜂、喀尔巴阡蜂、美国意大利蜂、卡尼鄂拉蜂、安纳托利亚蜂、塞浦路斯蜂，还有黄高加索蜂、中俄罗斯蜂；地方品种：东北黑蜂、新疆黑蜂、珲春黑蜂。

（3）其他蜜蜂资源 它们包括野生的大蜜蜂、黑大蜜蜂、小蜜蜂、黑小蜜蜂；还有蜜蜂总科蜜蜂科的熊蜂属、无刺蜂属、蜜蜂总科切叶蜂科的切叶蜂属和壁蜂属等传粉经济蜂种。

27 我国生产中使用的主要蜂种及特点有哪些？

我国地域辽阔，地形复杂，从南向北跨越了热带、亚热带、暖温带、中温带及寒温带 5 个气候带。受气候影响形成了湿润、半湿润、半干旱与干旱 4 类地区并存的现象。复杂的地形和气候，形成了不同类型的自然植被。这些优越的自然条件，孕育了丰富的蜜蜂种质资源，为养蜂业提供了宝贵的物种资源。在我国养蜂生产中，人工饲养的蜜蜂种主要有中华蜜蜂、意大利蜂、东北黑蜂、新疆黑蜂及我国蜜蜂研究工作者培育和选育的各种高产蜂种；野生蜂种主要有大蜜蜂、黑大蜜蜂、小蜜蜂和黑小蜜蜂。

（1）中华蜜蜂 中华蜜蜂简称中蜂，属于东方蜜蜂，是我国土生土长的蜂种。除了新疆和西藏部分地区外，几乎分布在我国各省市、自治区、直辖市。目前我国饲养量大约有 200 万群，约占全国养蜂总量的 1/3。

蜂王有两种体色：一种是腹节有明显的褐黄环，整个腹部呈暗褐色；另一种的腹节无明显的褐黄环，整个腹部呈黑色。雄蜂一般为黑色。工蜂体色因地区及气候的不同稍有变化，一般来说由南到北体色逐渐由黄色变为黑色，个体大小也由南向北逐渐变大，吻长平均为 5 毫米。一般来说，蜂王体长 13 ~ 16 毫米，雄蜂为 11 ~ 13.5 毫米，工蜂为 10 ~ 13 毫米。

中蜂飞行敏捷，嗅觉灵敏，出巢早，归巢迟，每日外出采集的时间比意蜂多 2 ~ 3 小时，擅于利用零星蜜源；造脾能力强，

喜欢新脾，爱啃旧脾；抗蜂螨和美洲幼虫腐臭病能力强，但容易感染中蜂囊状幼虫病，易受蜡螟危害；喜欢迁飞，在蜜粉源枯竭或受病敌害威胁时特别容易弃巢迁居；易发生自然分蜂和盗蜂；不采树胶，分泌蜂王浆的能力较差；蜂王日产卵量比西方蜜蜂少，能维持的群势小。中蜂适合在有零星蜜粉源分布的山区饲养。

近年来由于受自然条件及外来蜂种的影响，中蜂数量在不断减少。为了保护中华蜜蜂种质资源，我国部分地区已经成立了中华蜜蜂保护区和保种场。科研技术人员也着手对具有优良特性的中华蜜蜂进行选育以保护我国优良的蜂种资源。

（2）意大利蜜蜂　意大利蜜蜂简称意蜂，属于西方蜜蜂四大蜂种之一，原产于意大利的亚平宁半岛。由于其性情温顺、产卵力强，能维持强群，蜂产品产量高，因此当 20 世纪初该品种由日本和美国引入我国后，深受各地养蜂者欢迎，推广极快，在 20世纪 70 年代以前，中国绝大部分地区饲养的西方蜜蜂都是意大利蜂。现已成为我国大部分地区饲养的主要蜂种之一。

意大利蜜蜂蜂王的腹部多为黄色至暗棕色，尾部黑色，只有少数全部是黄色。工蜂第 2～4 腹节的背板有棕黄色环带，黄色区域的大小和颜色深浅有很大的变化，一般以两个黄环为最多；体表绒毛淡黄色；工蜂吻长 6.3～6.6 毫米。蜂王体长 16～17 毫米，工蜂 12～13 毫米，雄蜂 14～16 毫米。

意大利蜂性情温驯，产卵力强，育虫节律平缓，分蜂性弱，能维持大群；工蜂勤奋，采集力强，善于利用流蜜期长的大宗蜜源；分泌蜂王浆能力强；产蜡多，造脾快；保卫和清巢力强。其主要缺点是盗性较强，定向力较差，在高纬度地区，越冬较困难，消耗饲料多，抗病力较弱。

意大利蜜蜂适合我国大部分地区饲养，尤其适合冬季短且温暖潮湿、夏季干旱流蜜期长的地区定地结合转地饲养。

（3）东北黑蜂　该蜂种是 19 世纪末～20 世纪初，由前苏联引入黑龙江与吉林两省山区的黑色蜜蜂，经长期的自然选择和人工培育而成。80 年代末，在黑龙江省饶河县保护区内约有纯种东北黑蜂 5000 多群。东北黑蜂约有 1/3 的蜂王为黑色，2/3 为褐色。工蜂分黑、褐两种，几丁质黑色，少数的第 2～3 腹节背板两侧有淡褐色小斑，绒毛淡褐色，少数为灰色。

东北黑蜂耐低温，越冬安全，节省饲料，死亡率低；早春繁殖快，群势发展与当地主要蜜源泌蜜规律一致；勤奋、采集力强，既能利用椴树等大宗蜜源，也能充分利用零星蜜源；性情温驯，抗逆性强，能维持大群；抗幼虫病能力较强，易感染麻痹病和孢子虫病。

东北黑蜂生产能力极强，群产蜜量可达 200 千克。东北黑蜂对蜜源变化的反应敏感，泌浆量波动较大。

东北黑蜂与世界四大著名西方蜂种相比，具有其特殊的形态特征、生物学特性和稳定的遗传性。为了加强该蜂种的保护和选育工作，东北蜂业相关部门成立了饶河县东北黑蜂保护监察站和饶河县东北黑蜂原种场。

由于东北黑蜂对低温的适应能力极强，因此适宜于寒冷地区饲养。

（4）新疆黑蜂 该蜂种于 20 世纪初由前苏联引入我国，主要分布在新疆维吾尔自治区的伊犁、塔城及阿勒泰地区的特克斯、尼勒克、昭苏、伊宁、布尔津等地。

新疆黑蜂的工蜂体色呈棕黑色，少数在第 2～3 腹节背板两侧有小黄斑。雄蜂纯黑色。蜂王有纯黑色和棕黑色两种。工蜂吻长 6.03～6.44 毫米，初生重 109～127 毫克。

新疆黑蜂在新疆已有几十年饲养历史，对当地自然环境具有极强的适应性。抗寒力强，越冬性能好；体形大，采集力强，爱采树胶；分蜂性弱，繁殖快，特别能抗螨害。缺点是性情暴躁，爱蜇人；流蜜期容易产生蜜压子脾，影响蜂王产卵。

新疆黑蜂对大片和零星蜜源均能充分利用，丰年群均产蜜150 千克左右，歉年 50～80 千克。1980 年 5 月 27 日，新疆维吾尔自治区发布文告，建立了西至霍城县五台、东至和静县巴伦台

21

的"新疆黑蜂资源保护区"。但由于保护措施不力，外省大量的西方蜂种不断进入新疆黑蜂保护区，纯血统的新疆黑蜂已越来越少。

（5）浆蜂 我国目前自行培育的高产蜂种以浆蜂最具代表性。浆蜂是我国养蜂人员及蜜蜂研究工作者利用意大利蜜蜂通过选育和杂交等手段培育而成的王浆高产蜂种。主要有平湖浆蜂、萧山浆蜂、黄山一号和浙农大一号等。其共同的特点就是王浆产量高，采集能力强，但能维持的群势较小，饲料消耗大，抗病能力有所下降。

28 目前我国饲养的黄色蜂种和黑色蜂种各有哪几个品种？

目前我国饲养的黄色蜂种只有意大利蜂这一个品种。历史上我国曾从日本、意大利、美国、澳大利亚引进过当地的意大利蜂，但大部分已被混杂，现在我国养蜂生产上所饲养的黄色蜂种都是它们的后代及杂交种。黑色蜂种主要有卡尼鄂拉蜂、高加索蜂、东北黑蜂和新疆黑蜂4个品种。

29 黄色蜂种和黑色蜂种的特点有哪些？

黄色蜂种的产育力、维持群势的能力和度夏性能较黑色蜂种强，对外界蜜源、气候条件反应不太敏感，早春蜂王开始产卵后，不受气候条件的影响，一直持续到深秋；一般而言，对大宗蜜源的采集力较强，但不善于利用零星蜜源，产浆能力强；消耗饲料量较大，秋季蜂王停产较迟。黑色蜂种一般采集力和越冬性能较黄色蜂种强，不仅能利用大宗蜜源，还能利用零星蜜源；对外界蜜源、气候条件的变化反应敏感，育虫节律起伏明显，蜜源、气候条件好时，育虫积极，而蜜源、气候条件不好时，则减少甚至停止育虫，故秋季蜂王停产较早，比较节约饲料。实践表明，当黄色蜂种作母本与黑色蜂种作父本进行杂交时，其后代的采集力将有所提高；当黑色蜂种作母本与黄色蜂种作父本进行杂交时，其后代的产育力将有所改善。

从事养蜂的人都希望养蜂能给自己带来较好的经济效益，只有选择适合当地的优良蜂种，才能获得更大的收益。

（1）根据当地环境选择蜂种 饲养的蜂种一定要适应当地气候和蜜源条件，特别是定地饲养的蜂群。山区由于受自然条件限制，一般只适合饲养中蜂，若强行饲养西蜂会适得其反；南方气候温暖，无霜期长，宜养耐热而不耐寒的意蜂等黄色蜂种；北方地处高寒区，宜养耐寒而不耐热的喀蜂等黑色蜂种。

（2）根据饲养目的选择蜂种 各地气候不同，导致蜜源植物分布不同，流蜜期时间长短不一。有的定地养蜂，有的转地养蜂；有的专业养蜂，有的业余养蜂，方式不同，目的多样。

以生产蜂蜜为主，应饲养采集力强，能节省饲料，既善于采大宗蜜源，也善于采集零星蜜源的蜂种，如喀蜂或喀×意杂交蜂就是较理想的蜂种。

以生产王浆为主，应选择浆蜂。

若既兼顾取蜜又取浆，则选择蜜浆高产蜂种。

（3）选购蜂种时间 初学养蜂者应选择在春季购买蜂群较为合适，春季外界蜜源相继开花，蜂群处于繁殖增长期，发展较快，随蜂群增长，可以分蜂，蜂场可以迅速扩大。

（4）严把蜂种质量关 选购时，应对蜂种进行严格选择：晴暖天气，巢门进出带粉比较多的蜂群；巢内有 3～4 张脾的足蜂，子脾 3 张以上，且每张子脾面积在 70% 以上，封盖子脾整齐、成片，工蜂体壮、健康无病；蜂王须在 1 年以内，要求体大、胸宽、腹部丰满圆长，行动迅速、稳健；巢脾平整，不发黑，无咬洞，少雄蜂房；蜂箱坚固严密，巢框尺寸标准一致。

（5）注意防疫检查 选购蜂群时，一定要选择健康无病的蜂群，注意防疫检查。购买蜂群时，要特别注意购买的蜜蜂是否患有细菌性或病毒性蜜蜂传染病，如美洲幼虫腐臭病、欧洲幼虫腐臭病或囊状幼虫病等。其防疫检查的感官标准及常见症状是：患

第二章 蜜蜂品种资源

有欧洲幼虫腐臭病的蜜蜂幼虫脾的颜色变成棕黑色的，死虫并发出酸臭味道；感染美洲幼虫腐臭病的封盖子脾，有的死虫的封盖颜色发黑、下陷，有的则被蜜蜂咬开成小洞，并有鱼腥臭味；患囊状幼虫病的死虫，其封盖下陷，有的被咬开小洞，幼虫头部上翘，可用镊子夹出，呈囊袋状，里面充满液体，有的死虫虽无臭味，但已经变色，由棕色变为棕黑色。在防疫检查时，凡发现购买的蜂群患有上述病症的，则不可购买。

（6）**注意蜂具消毒**　在购买蜂种时，要严把蜂具消毒关，以确保所购蜂种健康强壮。对随同蜂种购入的旧蜂箱和其他木制蜂具，用2%～5%烧碱水（100升水加氢氧化钠2～5千克）浸洗，然后用清水冲洗干净，即可收到良好的消毒灭菌效果，待晾干后即可使用。

第三章
蜜粉源植物资源

31 什么叫蜜粉源植物?

具有蜜腺而且能分泌甜液并被蜜蜂采集酿造成蜂蜜的植物,称为蜜源植物,如荔枝、刺槐、枣树、白刺花、野坝子等。凡能产生较多的花粉,并为蜜蜂采集利用的植物,称为粉源植物,如玉米、高粱等。凡具有蜜腺而且能分泌甜液,又能产生较多的花粉,并为蜜蜂采集利用的植物,称为蜜粉源植物。在蜜粉源植物中,有的蜜多粉多,如油菜等;有些是蜜多粉少,如柑橘、刺槐等;有些是粉多蜜少,如蚕豆等。在养蜂生产中,广义上常把蜜源植物和蜜粉源植物甚至粉源植物,统称为蜜源植物。

32 主要蜜源植物及泌蜜规律有哪些?

无论是栽培或野生的蜜源植物,在养蜂生产中能采得大量商品蜜的称为主要蜜源植物,如油菜、紫云英、苕子、刺槐、枣树、荆条、椴树、乌桕、棉花、芝麻、荔枝等。它们通常数量多,面积大,花期长,泌蜜量大。

(1) 油菜 又叫芸苔、菜籽。是 1 年生或 2 年生草本植物,属十字花科,是重要油料作物。蜜多、粉多,是繁殖蜜蜂和取蜜的好蜜源。通常 12℃ 以上开花,适宜气温 14～18℃,5℃ 以下多不开花;而流蜜的适宜温度是 18～25℃。平均每 1～4 亩(1 亩＝667 平方米)油菜蜜源可以饲养 1 群蜜蜂。油菜适应性很强,分布很广，从青藏高原到东海之滨，由常年如夏的海南岛到四季分明的黑龙江畔，分布遍及全国。由于地区，品种不同，一个地区开花时间有早有晚，大不相同。花期一般为1个月。早、晚油菜加起来花期为45~50天。

（2）紫云英 一年生草本植物，豆科。既是绿肥、也可做饲料，蜜粉丰富。分早熟种和晚熟种，晚熟种花期约35天，早熟种约25天。流蜜适宜温度是20~27℃，水浸田不流蜜，初花时粉蜜很少。平均每2~4亩紫云英蜜源可以饲养1群蜜蜂，主要分布在长江以南。

（3）苕子 有的叫毛苕，2年或1年生草本植物，豆科，可做绿肥，也可做饲料，水田旱地都能播种，蜜多粉少，花期约30天。平均每2~3亩苕子蜜源可以饲养1群蜜蜂，流蜜适宜温度26℃左右。低温、阴雨、烂根或疯长、不通风时流蜜很少或不流蜜。

（4）刺槐 有的叫洋槐，落叶乔木，豆科，花期约20天，蜜多粉少，花萼紫色的品种，花多蜜多，花萼绿色的则花少蜜少。流蜜适宜气温24℃左右，流蜜期怕大风、大雨、干风、干冻，有大小年。适应性强，散布各地，但长江以北较多。

（5）枣树 有的叫红枣、落叶乔木，鼠李科，花期约30天，蜜多粉少。结枣后还开花，后蜜少，因花蜜中有生物碱，使蜜蜂易得枣花病，不宜采。适宜气候：花前有透雨；花期中，间断有几次小雨，不能刮风和下大雨；气温在25℃左右，并有其他粉源辅助为宜。一般长江以北较多见。

（6）荆条 又叫荆子、荆紫，落叶灌木，马鞭草科，是华北和东北的西南部的主要蜜源，蜜多粉少。野生在山沟各地、河流两岸、路旁荒地。当年生和伐后再生，序短花少、蜜少、老条蜜也少；2年以上壮年条，土质肥沃，水分充足，土层深厚流蜜好。花期约45天，流蜜适宜气温27℃左右。

（7）椴树 落叶乔木，椴树科，品种很多，主要分布在东北林区，主要有紫椴、糠椴，两种交错花期为20多天，蜜多粉少。

大小年明显，大年强群 1 天能进蜜 10 千克。遇霜冻、虫害、开花不流蜜。20～50 年的壮年树，花开 3～4 天后流蜜，适宜气温为 25～28℃。

（8）**乌桕**　有的叫桕子，落叶乔木，大戟科，种子可榨工业用油，南方较多见。花期约 30 天，蜜粉多。有大小年之分。大雨和刮热风都会影响流蜜。适宜气温在 26～28℃。

（9）**棉花**　1 年生栽培作物，锦葵科，蜜粉都有。有花内蜜腺和花外蜜腺。花期长约 70 天。由下到上开花，下面先开的蜜多，上面后开的蜜少。花外蜜腺先流蜜，蜂群一般在早晨 10：00 前进花粉，后进蜜。沙地、黏重土、薄肥浅地种植的棉花不流蜜，土层深、肥多和回潮地流蜜好。喜日照，适宜 25～32℃ 的较高气温。

（10）**芝麻**　1 年生草本植物、胡麻科，是上等油料作物。长江流域两岸，多数是和棉花地区一起播种。除秋冬不能播种外，早种早开花，中种中开花，晚种晚开花。有蜜、有粉，花期约 35 天。由下到上一对对开花。边开花边结果。开花就有蜜，尾花蜜少。流蜜适宜气候是花期中隔几天下点小雨，早晨有露水，晚上有回潮，气温 25～27℃。

（11）**荔枝**　常绿乔木，无患子科，是广东的主要蜜源。福建、广西等地也有不少，为热带植物。品种很多，一般分早、中、晚三类，花期约 30 天，喜温暖湿润气候，气温 10℃ 以上开花，24℃ 左右最好；温差不能太大，并有连续性温度为宜。受虫冻害和大小年影响，若树管理好，可减轻大小年。

33　主要的粉源植物有哪些？

我国的粉源植物资源丰富。目前，养蜂者能够组织蜜蜂大量生产商品蜂花粉的作物有油菜、向日葵、玉米、荞麦、紫云英、茶花、荷花等。

（1）**油菜**　见主要蜜源植物。

（2）**向日葵**　1 年生草本植物，虫媒异花授粉植物，秋季主要蜜粉源植物之一。向日葵主要分布于东北、华北及西北，其他地方也有零星分布。花期在 7～8 月，蜜粉丰富。

（3）玉米 禾本科 1 年生草本栽培作物，异花授粉植物。全国各地广泛分布，但主要分布于华北、东北和西南地区。玉米不分泌花蜜，是养蜂的主要粉源植物。春玉米 6～7 月开花；夏玉米 8～9 月上旬开花。花期一般为 20 多天。蜜蜂采集玉米花粉的时间大都在上午 9：00 以前，9：00 以后，太阳升起，花粉被晒干，无黏着力而飘散，而后或有晨雾，1 群蜂能够产花粉 100 克左右。玉米开花时，蜜蜂采集花粉活跃。它除了供蜂群内部繁殖外，还可以收集大量的商品蜂花粉。

（4）荞麦 1 年生草本植物，异型花，虫媒授粉。荞麦总花期长达 40 天。始花期 8 天，盛花期 24 天，末花期 8 天。荞麦全国各地都有栽培，主产区为西北、华北、东北及西南地区，荞麦为我国主要蜜源之一，秋季开花。

（5）紫云英 见主要蜜源植物。

（6）茶花 茶树是多年生灌木，四季常青，在寒冷冬天开花流蜜，是冬季的主要蜜源，一般在 9～11 月开花流蜜，首先是雄花开放，然后雌雄同开，阳光好的地方先开花，花期长达 2 个月，蜜粉丰富。花期因品种和各地气候不同各有差异。

（7）莲花 睡莲科，多年生浅水草本植物，是盛夏的优良蜜源植物。花两性，颜色有白、粉、淡紫、黄色或间色等，色艳粉香、蜜淡黄且量多，蜂群爱采，花期为 6～9 月，其中花色红艳的荷花品种泌蜜量较多。花单生于花梗顶端，高托于水面之上，有单瓣、复瓣、重瓣、重台、千瓣等不同生态花型；花每日晨开暮闭，开花过程分为始花、盛花、终花 3 个阶段。开花的最适温度为 28～30℃，花蕾出水后，10 多天开花，单朵花花期短，单瓣莲仅开 3 天，复瓣、重瓣、重台可以开 3～4 天，唯独千瓣莲可开 8 余天。但从荷塘群体花期来说，花期很长，南方为 3 个多月，北方 2 个多月。由于地域不同和温度差异，低纬度低海拔地区开花早于或长于高纬度、高海拔地区。

34 影响蜜源植物开花泌蜜的主要因素有哪些?

蜜源植物开花泌蜜主要受内在因素和外在因素影响。

（1）内在因素对花蜜分泌的影响

1）遗传基因：每种蜜源植物花蜜的形成、分泌、蜜量、成分和色泽等，都受其亲代遗传基因的制约。据研究，野生蜜源植物的泌蜜量和花蜜成分变化不大；而栽培的蜜源植物不仅有种间差异，而且有品种间的差异。

2）树龄：大多数木本植物要到一定年龄才开花。同一种植物处于不同的年龄，其开花数量、开花迟早、花期长短和泌蜜量大小都有差别。

3）长势：同一种植物在同等气候条件下，生长健壮的植株花多、蜜多、花期长。反之，若长势差，则花少、蜜少、花期短。

4）花的位置和花序类型：同一植株上的花，由于生长部位不同，其泌蜜量也不同。通常花序下部的花比上部的蜜多；主枝的花比侧枝的花蜜多。

5）花的性别：花朵性别不同，泌蜜量可能不同。例如，黄瓜的雌花泌蜜比雄花多；香蕉雄花的泌蜜比雌花多。

6）大小年：许多木本植物都有明显的大小年，如椴树、荔枝、龙眼、乌桕等。通常当年开花多，结果多，第2年开花就少，泌蜜量也少。

7）蜜腺：蜜腺大小不同，泌蜜量也有差异。如油菜花有2对深绿色的蜜腺，其中1对蜜腺较大，泌蜜最多，另1对小蜜腺泌蜜较少；荔枝和龙眼的蜜腺比无患子发达，泌蜜量也比无患子多。

8）授粉与受精作用：当植物雌蕊授粉受精以后，由于生理代谢活动发生改变，多数蜜源植物花蜜的分泌也随之停止。例如，油菜花授粉后18～24小时完成受精作用，花蜜停止分泌。紫苜蓿的小花被蜂类打开后，花蜜就停止积累。

（2）外界因素对花蜜分泌的影响

1）光照：光是绿色植物进行光合作用和制造养分的基本条

第三章 蜜粉源植物资源

29

件。在一定范围内，植物的光合作用随着光照强度的增强而增强。充足的光照条件是促成植物体内糖分形成、积累、转化和分泌花蜜的重要因素。在温带地区蜜源植物开花期，光照的强度和长短影响草本蜜源植物花蜜的产量；而对乔木和灌木而言，由于其花蜜可能来自于储存的物质，因此，前一个生长季节所接受的光照量会影响本季花蜜的产量。

2）气温：生物的一切生命活动，都是在一定的温度条件下进行的。蜜源植物对温度的要求分为高温型、低温型和中温型三种类型。高温型的温度要求在 25～35℃，如棉花；低温型 10～22℃，如野坝子；中温型 20～25℃，如椴树。多数蜜源植物泌蜜需要闷热而潮湿的天气条件。在适宜的范围内，高温有利于糖的形成，低温有利于糖的积累。因此，在昼夜温差较大的情况下，有利于花蜜分泌。

3）水分：水是植物体的重要组成部分，是植物生长发育和开花泌蜜的重要条件。水分在植物摄取营养、维持细胞膨胀压力等方面起着重要作用。秋季雨水充足，使得木本蜜源植物生长旺盛，储存大量养分，有利于来年泌蜜。春季下过透雨，有利于草本蜜源植物的花芽分化和形成，花期泌蜜量大。

4）风：风对植物的开花、泌蜜有直接或间接的影响。风力强大会引起花枝撞击而损害花朵；干燥冷风或热风会引起蜜腺泌蜜停止，已分泌的花蜜容易干涸；湿润暖和的微风有利于开花泌蜜。

5）土壤：土壤性质不同，对于植物花蜜分泌有很大影响。植物生长在土质肥沃、疏松，土壤水分和温度适宜的条件下，长势强，泌蜜多。不同的植物对于土壤的酸碱度的反应和要求也不同。如野桂花、茶树等要求土壤的 pH 在 6.7 以上才能良好生长和正常开花泌蜜，而枝柳等则要求土壤的 pH 在 7.5～8.5 之间才能良好生长和正常开花泌蜜。多数蜜源农作物和果树适宜在 pH 6.7～7.5 之间的土壤中生长。此外，土壤中的矿物质含量对植物开花泌蜜影响较大。例如，施用适量的钾肥和磷肥，能改善植物的生长发育、促进泌蜜。钾和磷对金鱼草和红三叶草的生长和开花及花蜜的产生等方面有重要作用，这两种元素适当平衡才能使花蜜分泌最好。硼能促进花芽分化和成花数量，提高花粉的生活力，提高疏导系统的功能，刺激蜜腺分泌花蜜，提高花蜜浓度等。

6）病虫害：蜜源植物患病和遭遇虫害都会影响长势及泌蜜，同时还会伴随着施药的危害。

35 如何进行蜜源植物开花泌蜜的预测预报？

影响蜜源植物开花泌蜜的因素很多，特别受天气的左右很厉害。应将地理条件、气候条件、生理指标和物候现象等几方面测报结合起来预测蜜源植物泌蜜规律。

一般情况下木本植物的泌蜜与树龄有关，幼树比老树开花少，泌蜜也少；壮年树开花多，泌蜜也多。有明显大小年周期的蜜源，大年开花早，花朵多，泌蜜多，含糖量高，花期长；小年则相反。如荔枝、龙眼、椴树、乌桕等。泌蜜量和植物的长势也呈正相关。如紫云英中根系大的，根瘤多的，生长势强，开花泌蜜多。栽培的蜜源植物在整地、深耕、施肥、稀播、经常除草的条件下，植株生长健壮，花蜜分泌多。病虫害能破坏植物的营养器官，使开花泌蜜减少。

36 怎样进行蜜粉源植物的栽培与保护？

根据各地不同的气候特点、植被情况、主要蜜源植物的种类和分布、养蜂生产利用价值、农业生产耕作方式、种植结构变化规律，以及区域生态建设、环境治理等进行蜜粉源植物的栽培与保护，使蜜源条件得到改善，能够促进养蜂生产的发展。

（1）与农作物生产相结合 许多农作物如油菜、向日葵、瓜类、荞麦、芝麻等都是良好的蜜粉源植物。结合农业生产实际，采取播种不同品种或分期播种的方式，以及实行"间、混、套、复"等耕作方法，有利于增加蜜源的品种和面积，并延长蜜粉源植物的开花泌蜜期。

（2）与退耕还林工程相结合 抓住退耕还林还草这一有利时

机，选择刺槐、泡桐、柑橘、紫穗槐、白刺花等作为还林还草植物。

（3）与发展畜牧业相结合　紫花苜蓿、红草豆、草木樨、三叶草等是优良牧草，也是优良的蜜源植物。

（4）与果树栽培相结合　苹果、梨、葡萄、枣、李子、桃、杏等都是蜜粉源植物。

（5）与种植中药材相结合　玄参、党参、黄芪、柴胡、薄荷、枸杞、红花等中药材都是蜜粉源植物。

（6）加强野生蜜源植物的保护　对漆树、五味子、椴树、荆条、罗布麻、白刺花等野生蜜源植物采取强有力的保护措施，禁止乱砍滥伐，合理开发利用。

37）什么叫辅助蜜粉源植物？

无论是栽培或野生的蜜源植物，在养蜂生产中不能采得大量商品蜜，仅利用以维持蜂群生活和供蜂群繁殖的，称为辅助蜜粉源植物或次要蜜粉源植物。

38）辅助蜜粉源植物有哪些？

辅助蜜粉源植物在我国分布区域很广，种类也很多。主要包括松树、杨柳、核桃、桦树、榛子、板栗、榆树、萝卜、西瓜、南瓜、黄瓜、甜瓜、草莓、苹果、李子、杏、金银花、蒲公英、香蕉等。

39）有毒蜜粉源植物有哪些？

我国已知的有毒蜜源植物是乌头、博落回、苦皮藤、雷公藤、昆明山海棠、油茶、狼毒、喜树、八角枫、羊踯躅、胡蔓藤、曼陀罗、藜芦等。

（1）乌头　又名草乌、老乌。属毛茛科，多年生草本植物，块根圆锥形。生长于山坡和草地。主要分布于长江中、下游各省区，北达秦岭和山东东部，南达广西北部，越南北部也有分布。乌头含有乌头碱和中乌头碱，花期在 7～9 月，花蜜和花粉对蜂有毒。

（2）**博落回** 又名号筒杆、黄薄荷。为罂粟科多年生草本植物。生于低山、丘陵、山坡、草地、林缘或撂荒地。分布于长江流域中、下游诸省区，日本也产。博落回主要成分有延胡索索丙、灰白屈菜碱、白屈菜碱、血根碱等。博落回花期在 6～7 月，花蜜和花粉对蜜蜂和人有剧毒。

（3）**苦皮藤** 又名苦树皮、棱枝南蛇藤、老虎廊、马惭肠、马断肠。苦皮藤为卫矛科藤本灌木，生于海拔 400～3600 米的山地疏林、灌木丛中的湿润处，常与白刺花混生。分布于甘肃、陕西、河南、山东、安徽、江苏、江西、湖北、湖南、四川、贵州、云南、广西和广东等省区。陕西秦岭山区 5 月下旬～6 月上旬正是白刺花蜜源末期，苦皮藤开花，花粉浅灰色，花蜜水白透明，质地浓稠。蜜蜂中毒后腹部膨大，身体痉挛，尾端变黑，吻伸出呈钩状而死亡。幼蜂也会中毒，群势下降较快。

（4）**雷公藤** 又名断肠草、菜虫药、小黄藤、黄藤根，分布在长江以南一些省区的荒山坡、山谷灌木丛及疏林下。湖南山区 6 月下旬开花，蜜腺植物分泌蜜少时，蜜蜂采集雷公藤蜜会引起中毒，其致毒成分主要为雷公藤碱。雷公藤蜜呈琥珀色，其味苦而涩，花粉呈球形，人食下雷公藤蜜也会引起中毒死亡。

（5）**昆明山海棠** 又名大叶黄藤。本种与雷公藤的主要区别在于叶背面有白粉。花粉有毒。

（6）**油茶** 为灌木或小乔木，高可达 15 米。我国各地均有栽培，朝鲜、日本也产。种子含油，供食用或工业用。花和花粉有毒。

（7）**狼毒** 多年生直立草本植物，丛生，高 0.2～0.5 米，下部有粗大圆柱形木质根状茎。产于东北、河北、河南、甘肃、青海等西南地区。喜干燥向阳地。植物体和花粉有大毒。根入药，有祛痰、散结、逐水、止痛、杀虫、医疾之功效，外敷可治疗疥癣。

（8）**喜树** 又名旱莲木、千仗树。为紫树科落叶乔木，多生

于海拔 1000 米以下的溪流两岸、山坡、谷地、庭院、路旁土壤肥沃湿润处。主要分布于浙江、江西、湖南、湖北、四川、云南、贵州、广西、广东、福建等省区。喜树含喜树碱和其他成分。浙江温州的喜树花期在 7～8 月。蜜粉有毒，蜜蜂采食头几天蜂群无明显变化。几天后，中毒幼蜂遍地爬行，幼虫和蜂王也开始死亡，蜂群群势急剧下降。

（9）**八角枫** 又名包子树、勾儿茶、疆木。为落叶灌木或小乔木，高可达 3～6 米。产于长江及珠江流域各省市，印度、马来西亚、日本也有。生于阴湿的杂木林中。八角枫含有八角枫京、八角枫酰胺、八角枫辛和八角枫碱等化合物，花蜜和花粉有毒。

（10）**羊踯躅** 又名闹羊花、黄杜鹃、老虎花。羊踯躅属杜鹃花科，灌木，喜欢酸性土壤，多生于山坡、石缝、灌木丛中，分布于江苏、浙江、湖南、湖北、河南、四川等省。引起蜜蜂中毒的原因是羊踯躅花粉含有浸木毒素、杜鹃花素和石南素。羊踯躅花期在 4～5 月，花蜜和花粉均有毒，对蜜蜂有危害。

（11）**胡蔓藤** 又名断肠草、钩吻、大茶药。为缠绕藤本植物。分布于浙江、福建、湖南、广东、广西、贵州和云南等省区丘陵地带的疏林或灌丛中。其花粉有剧毒。

（12）**曼陀罗** 又名醉心草、狗核桃。为茄科，直立草本植物，生于山坡、草地、路旁、溪边。在海拔 1900～2500 米处较多，通常栽培于庭院。分布于东北、华北、华南等地。曼陀罗含有莨菪碱、阿托品、东莨菪碱等。花期在 6～10 月，花蜜和花粉对蜂有毒。

（13）**藜芦** 又名黑藜芦、大芦藜、老旱葱。多年生草本植物，属百合科。生于林缘、山坡、草甸，常成片生长。主要分布于东北林区及河北、河南、山东、四川、新疆等地。蜜粉较丰富，蜜蜂采集该植物花蜜后很快抽搐、痉挛死亡。它不仅使采集蜂中毒，而且也能引起幼蜂和蜂王中毒。中毒是因藜芦中含有藜芦碱所致。

—— 第四章 ——
蜂 场 建 设

40 怎样选择蜂具?

（1）**蜂箱** 蜂箱无论是传统养蜂还是现代养蜂都是不可缺少的养蜂工具，是蜜蜂长期进化后免遭外敌侵害又利于种群生存繁衍的最佳场所。初学养蜂者，只要了解一些蜜蜂的生物特性就可以自己制作。传统养蜂的蜂箱只需防寒防晒、具有足够空间的圆木桶或密封的竹篓等就可以；现代养蜂蜂箱最早是以 19 世纪中叶由 L. L. 郎斯特罗什神父所创造的蜂箱为基础而形成的以巢箱、继箱、巢框、箱盖、纱副盖、木副盖、隔板、闸板和巢门板等部件构成，多用木料制作的朗氏蜂箱。如定地饲养，也可用土坯、水泥制作。西方蜜蜂普遍使用的蜂箱有：十框蜂箱（朗氏蜂箱）、达旦蜂箱、定地转地两用蜂箱、十二框方形蜂箱、卧式蜂箱等；中蜂使用的蜂箱多数是在西蜂蜂箱的基础上，根据中蜂生物特性差异制成的，主要有：中华蜜蜂十框标准蜂箱、从化式中蜂箱、高仄式中蜂箱、沅陵式中蜂箱、中一式中蜂箱、中笼式中蜂箱、中华蜜蜂十框蜂箱、FWF 型中蜂箱和 GN 式中蜂箱等。这些箱型的主要技术参数，见表 4-1。

（2）**巢础** 人工巢础是科学养蜂的必备物品，用蜂蜡或无毒塑料压制而成，能让蜜蜂按照人工巢础快速筑成巢脾。巢础有工蜂巢础和雄蜂巢础两种，意蜂巢础每 100 平方厘米有 851 个工蜂房，中蜂巢础为专用巢础，每 100 平方厘米有 1243 个工蜂房。

表4-1　各种蜂箱的主要技术参数

蜂箱名称	巢框内径/毫米		巢框单面有效面积/平方厘米	巢箱内径/毫米			巢箱/立方厘米
	长	高		长	宽	高	
十框蜂箱	428	203	868.8	465	380	243	42938
达旦蜂箱	428	257	1099.9	465	408	295	55967
定地转地两用蜂箱	428	203	868.8	464	369	241	41263
十二框方形蜂箱	415	270	1120	455	455	330	68318
卧式蜂箱	428	203	868.8	465	630	265	77632
中标式蜂箱	428	203	868.8	—	—	—	—
沅陵式蜂箱	405	220	891.0	441	450	268	53184
从化式蜂箱	355	206	731.3	—	—	—	—
中一式蜂箱	385	220	847.0	—	—	—	—
中笼式蜂箱	385	206	793.1	—	—	—	—
高仄式蜂箱	245	300	735.0	—	—	—	—
FWF式蜂箱	300	175	525.0	400	336	210	28224
GN式蜂箱	290	133	385.2	370	330	158	16684

（3）饲养管理用具

1）埋线器。它是将巢框所穿的铁线，埋于巢础里所用的工具，见图4-1。

图4-1　埋线器

2）起刮刀。用钢铁制成，一端是平刀，一端呈直角的弯刀，用于开启副盖、铲除箱内支脾、污物和蜡渣等，见图4-2。

图4-2　起刮刀

3）面网。套在草帽外面，检查蜂群时用于保护头部不受蜂蜇，见图4-3。

图4-3　面网

4）隔王板。放在巢箱和继箱两箱当中，用于隔离蜂王。在采蜜群的蜂箱上再加继箱，可便于取蜜，见图4-4。

图4-4　隔王板

5）割蜜刀。用于割去蜜脾上的蜜房盖，见图4-5。

图4-5　割蜜刀

6）蜂刷。用马尾毛做成，用于扫落巢脾上附着的蜜蜂。刷毛须用白色毛，黑色毛容易激怒蜜蜂，见图4-6。

图4-6　蜂刷

7）喷烟器。是一种以喷发烟雾驯服蜜蜂的工具，见图4-7。

8）摇蜜机。用于分离蜂蜜，见图4-8。机身用白铁或木板做成圆桶，内设机架和框笼。取蜜时将割去蜜房盖的蜜脾放框笼内，转动摇蜜机的摇手，蜜汁受离心作用被甩出，再从桶底口流入接蜜器中。在选择摇蜜机时，首先选择摇蜜机的材质要符合国家食品生产设备标准要求；其次要根据饲养蜂群的规模大小选择摇蜜机的规格和动力要求。如果选择了不适合蜂场的摇蜜机，不是产品不安全卫生，就是容易造成设备浪费。

图 4-7　喷烟器

图 4-8　摇蜜机

41 怎样选择场地？

　　养蜂场所的环境条件与养蜂的成败和蜂产品的产量和质量密切相关。一个理想的养蜂场地必须具备蜜源丰富、水源良好、交通方便、气候适宜等条件。养蜂场地包括定地场和临时放蜂场两种。

　　（1）固定场址　定地饲养的场地要求的条件比较严格，在蜂场周围 2～3 千米范围内，要求蜜粉源植物面积大、数量多、长

势好、蜜粉兼备，1年中要有2个以上的主要蜜粉源和较丰富的辅助蜜粉源。

养蜂场地要求背风向阳，地势高燥，不积水，小气候适宜。

蜂场附近应有清洁的水源。蜂场前面不可紧靠水库、湖泊和大河，以免蜜蜂被大风刮入水中，蜂王交尾时也容易落水溺死。有些工厂排出的污水有毒，在污水源附近不可设置蜂场。

蜂场的环境要求安静，没有牲畜打扰，没有震动。在工厂、铁路、高速公路、牧场附近和可能受到山洪冲击或有塌方的地方不宜建立蜂场。在糖厂或果脯厂附近放蜂，不仅影响工厂工作，还会引起蜜蜂盗蜂等伤亡损失。

凡是存在有毒蜜源植物或农药危害严重的地方，都不宜作为放蜂场地。

蜂场与蜂场之间至少应相隔1～2千米，以保证蜂群有充足的蜜源，并减少蜜蜂疾病的传播。中蜂和意蜂一般不宜同场饲养，尤其是缺蜜季节，西方蜜蜂容易侵入中蜂群内盗蜜，致使中蜂缺蜜，严重时引起中蜂逃群。

（2）临时场地 选择临时场地的原则与固定场地基本相同，饲养的场地必须有大面积的蜜源供蜜蜂采集，还应注意蜂群的密度与蜜源的面积的关系，泌蜜量大的一般2亩左右1群，泌蜜量一般的6亩左右1群，切忌蜂群过分拥挤。同时需根据生产目的和季节而有不同的侧重。

1）采蜜场地：要调查主要蜜源植物的面积、生长情况和泌蜜规律；掌握气候情况，前一年和当年的降雨量，有无冻害和虫害，并预测花期有无旱涝灾害；还要了解历年来放蜂密度。

采粉场地：主要调查粉源植物的面积和生长情况及天气情况，如果没有连续阴雨天气，就可以选定。

2）繁殖场地：要求有粉源和辅助蜜源。

3）越夏场地：南方蜂群越夏主要是保存蜂群实力，应选择阴凉、通风、敌害少的地方。

42 转场选址有什么特别注意事项?

1）在选择的预选蜂场周围有大蜜源的时候要了解蜜源周围的施药情况，并主动向 3 千米范围内的村、场、园告知，如柑橘园等。以免发生农药中毒时面临"举证倒置"的难题。

2）了解预选蜂场周围 1 千米内有无先到或预定蜂场。后到蜂场应主动避让 1 千米外。

3）预选蜂场不得进入××蜂国家保护区或××蜂保种场交尾场地。

43 怎样排列蜂群?

蜜蜂有识别本群蜂巢的能力，但是在场地较小和环境不好时，应考虑以下几个方面：

1）蜂群的排列主要根据蜂群数量、场地大小、不同季节等采取不同的方式，蜂箱的常见排列形式有单箱排列、双箱排列、分组排列和圆形排列。

2）蜂群摆放宜疏不宜密。如果场地宽敞，各箱的距离可以稍为疏散，使蜜蜂易于辨认；如果场地有限，也可较密排列 3 ~ 4 群为 1 组进行排列，组距 1 ~ 1.5 米，但各箱必须间隔一定距离，并留出行人道方便管理，同时可在蜂箱前壁涂以黄、蓝、白等不同颜色并设置不同图案便于蜜蜂识别。

3）蜂群背风向阳。箱门以朝南、向阳为好，特别是越冬期和早春繁殖期。其次是朝东南，再次是朝东，西北风侵入则不宜。

4）蜂群不应摆放在人群密集地、交通要道、高速公路、铁路和夜晚有强光源的地方。

5）蜂群不应摆放在暴晒升温的水泥地和岩石坡上，宜摆放在草坪或泥地上。

6）蜂箱排列时，箱底用砖、木架或石块垫起，以离地 30 ~ 40 厘米为宜，以防蚂蚁、白蚁及蟾蜍等敌害，同时避免湿气沤烂

第四章 蜂场建设

箱底。

7）蜂箱左右保持平衡，箱内巢脾平行垂直；但前后要稍微倾斜，即后面比前面高 20 ~ 35 毫米，使雨水不致从箱门口流入，同时蜜蜂易于把箱内的赃物搬出，保持箱内清洁。

8）箱门前面必须宽敞，不可面对墙壁或篱笆，使蜜蜂进出无阻。箱前如有杂草或秽臭的垃圾、粪便等，要及时清除。

9）如果饲养中蜂，应依据地形、地物尽可能分散排列，各群前后左右距离保持在 3 米以上；各群的巢门方向应尽可能错开，让各个蜂群飞行路线错开。在山区，利用斜坡布置蜂群，可使各箱的巢门方向、前后高低各不相同，甚为理想。同时中蜂还应远离西蜂蜂场。

10）新交尾群安置在蜂场外围有矮树等自然标记的地方，巢门方向互相错开，便于处女王返巢时识别。

第五章
蜂群基础管理

44 怎样检查蜂群？

蜂群检查的方法包括开箱检查和箱外观察两种。

（1）开箱检查 开箱检查，又分为全面检查和局部检查。

1）开箱前准备工作：准备起刮刀、蜂扫、蜂具等用具和记录本，戴上面网；需穿着浅色服装避免蜂螫；春秋季节气温较低时，扎上袖口和裤腿，要防止蜜蜂钻入衣内；身上不要有浓烈的酒、蒜、葱、香水等刺激性气味。

2）开箱提脾：从蜂箱侧面或后面走近蜂群，站在蜂群侧面，背向日光。揭开箱盖，翻转放在箱后的地面上，如果蜂群比较安静，不需要喷烟也不必喷水，用起刮刀轻轻撬动副盖，稍等片刻取下副盖和盖布，翻过来搭在蜂箱巢门前的底板上。把隔板向外推开或提到箱外，用起刮刀依次插入两框之间靠近框耳处，轻轻撬动，使粘连的巢脾松动，即可提出巢脾查看，如果箱内放满了巢脾，先提出第二张巢脾，临时靠在蜂箱旁边或放在一只空蜂箱内。提脾的方法是：双手紧握巢框两端的框耳，将巢脾垂直地提出，注意不要与相邻的巢脾和箱壁碰撞，以免挤伤蜜蜂引起蜜蜂激怒，使提出巢脾的一面对着视线，与眼睛保持约 30 厘米的距离。查看完一面需要看另一面时，先将巢框上梁垂直地竖起，以上梁为轴使巢脾向外转半个圈，然后再将提着框耳的双手放平，便可检查另一面。查看巢脾和翻转巢脾，使巢脾始终与地面保持

垂直，可以防止巢脾里的稀蜜汁和花粉撒落，见图5-1。需要查看的巢脾看完后放回蜂箱，摆好蜂路，还原隔板，盖好副盖和箱盖。

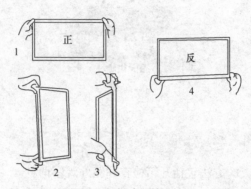

图5-1　巢脾翻转顺序

3）全面检查：就是对蜂群逐框进行仔细观察，掌握蜂群的全面情况。全面检查的内容包括蜂王的有无和优劣；蜜蜂、封盖子脾、未封盖子脾、蜜脾、粉脾等全部巢脾的情况；有无病虫害；分蜂季节有无王台等。全面检查需要的时间较长，对蜂巢的温湿度保持和蜜蜂活动有较大影响，这种检查不要太多，以免扰乱蜂群的正常生活秩序，或者引起盗蜂。全面检查应该选择风和日丽、气温在15℃以上的时候进行，但早春的快速检查只要气温达到9℃以上或者有部分工蜂出巢活动时，就可以进行。全部检查完后，对检查内容作相应记录。

4）局部检查：当不适宜做全面检查，或者只需要了解蜂群的某些情况时，可提出少数巢脾进行局部检查，这样可推测蜂群的一些情况。

①掌握储蜜多少：只需查看边脾有无存蜜或巢脾的上角部位有无封盖蜜即可，若有蜜，就表示储蜜充足。

②查看蜂王：只需提中央巢脾，若未见蜂王，但巢房里有卵（立卵）或小幼虫，说明该蜂王健在；若不见蜂王，又无各龄蜂

子，却见有工蜂在巢脾上或框顶上惊慌扇翅，这就意味着已失王；若发现巢脾上的卵分布极不整齐，一个巢房里有几粒卵，而且东倒西歪，这说明失王已久，蜂群内有了产卵工蜂；如蜂王和一房多卵现象并存，这说明蜂王已经衰老或存在生理缺陷。

③ 加脾或抽脾：蜂群是否需要加脾或者抽脾，主要看蜜蜂在巢内的分布密度和蜂王产卵力的高低，通常抽查隔板内侧的第二张巢脾，就可作出判断。若蜜蜂在该巢脾上的附着面积达80%以上，蜂王的产卵圈已扩展到边缘巢房，且边脾是蜜脾，就需要及早加脾；若该巢脾上蜜蜂稀疏，巢房里不见卵子，则应适当抽脾，紧缩巢脾。

④ 蜂子发育状况：从蜂巢的偏中部位，提1~2张巢脾进行观察，如果幼虫滋润、丰满、鲜亮，封盖子脾非常整齐，即发育正常；如果幼虫长得干瘪，甚至变色、变形或出现异臭，整张子脾上的卵、虫、封盖子混杂，说明蜂子发育不良或患幼虫病。

（2）箱外观察 通过箱外观察可以大致了解蜂群的越冬状况、蜂群是否失王、蜂群强弱、自然分蜂的预兆、外界流蜜、缺蜜、缺粉、缺水、农药中毒、盗蜂、蜂群拥挤和某些病虫害等情况。

1）蜂群的越冬情况：用手提蜂箱后部，感到沉重，表明越冬饲料充足；反之，则有缺蜜的可能。如果在巢门口发现许多巢脾碎渣和肢体残缺的死蜂，说明箱内有鼠害。如果在天气温暖的中午，发现巢门前有稀薄恶臭的蜜蜂粪便，说明蜂群患了下痢病。

2）是否失王：繁殖季节，巢门口工蜂进出繁忙，回巢工蜂有很多携带花粉团，则说明箱内有卵和幼虫，蜂王旺产。如果其他蜂群巢门口都进出繁忙，独有个别蜂群无蜂进出，且巢门口有一些工蜂在惊慌地爬动，则此蜂群很可能失王。

3）蜂群强弱：在大流蜜期间，巢门有大批蜜蜂出入，工蜂忙碌，可以断定是强群；出入稀少的则为弱群。傍晚在巢门前堆积大批蜜蜂，是强群的表现。

4）出现自然分蜂的预兆：如果白天大部分蜂群出勤很好，而个别蜂群很少有蜜蜂飞出，却簇拥在巢门口前形成"蜂胡子"，则是即将发生自然分蜂的预兆。

5）外界流蜜：在晴暖的日子里，蜂场中蜜蜂声息不大，工蜂驱逐雄蜂，追人，并往屋子里飞，互相争抢暴露在外面的蜂蜜，容易发生盗蜂，表明蜜源结束。蜂场上蜂声大作，每群蜂的巢门前有大批工蜂出入，说明蜜源植物已经开始流蜜。

6）缺蜜：一般蜂群很少活动或停止活动，但有个别群的工蜂不断从巢中飞出或爬出，巢门前不断发现新的蜂尸时，表明蜂群严重缺蜜。

7）缺粉：早春蜜粉源植物还没有开花时，就发现工蜂四处寻找面粉或粉碎的糠麸，这是蜂王已开始产卵，而蜂巢内缺乏花粉的征兆。

8）缺水：天气晴朗，部分工蜂出巢外采水，或箱底、巢门前有蜜蜂拖出的结晶蜜粒，这种现象是蜜蜂口渴，或是蜂王开始产卵，哺育蜂饲喂幼虫需要水的征兆。

9）农药中毒：在晴暖无风的日子里，如果突然有些工蜂在蜂场周围追蜇人、畜，有些在空中作旋转飞翔或在地上翻滚，箱底和箱外出现大量伸吻、钩腹的死蜂，有些死蜂后足上还带有花粉团，便可以断定是蜂场附近的农田里喷洒了农药，致使采集蜂中毒死亡。

10）盗蜂：当外界蜜源稀少时，如果发现蜂群巢门前秩序紊乱，工蜂三三两两地厮杀在一起，地上出现不少腹部卷起的死蜂，就是蜂群遭到了盗蜂袭击。有的弱群巢门前，虽不见工蜂抱团厮杀和死蜂的现象，但如果发现出入的蜜蜂突然增多，进巢的蜜蜂腹部很小，而出巢的蜜蜂腹部充斥、膨胀，也可以认为是受了盗蜂的袭击。

11）蜂群拥挤、闷热：盛夏季节的傍晚，如果部分蜜蜂不愿进巢，却在巢门周围聚集成堆，说明巢内已过于拥挤、闷热。

12）某些病虫害：夏、秋两季，如果在蜂箱前方突然出现大量伤亡的青、壮年蜂，其中有的无头、有的残翅或断足，表明该蜂群遭受了大胡蜂袭击。箱前蜜蜂腹大，飞行困难，蜂体色暗，并在巢门前排稀粪，这是饲料不良所致；或者通风不好，保温差；也可能是蜜蜂长期受震动后，多吃了蜜，未能排泄造成的。如果巢门前有爬蜂及缺翅蜂，幼蜂死亡较多，常是因为蜂螨寄生严重。如果巢门前有死掉的蜜蜂，蜂体疏松似白垩状，表明有白垩病。

45 怎样饲喂蜂群？

蜂群饲喂包括给蜂群喂糖（蜜）、喂花粉、喂水、喂盐等。

（1）喂糖 喂糖又分为补助饲喂和奖励饲喂。

1）补助饲喂：是用高浓度蜂蜜或糖浆饲喂缺蜜蜂群，使其能维持生活。在早春春繁期、秋冬储备越冬蜜、其他季节遇到较长的缺蜜期时都应给蜂群补饲。补饲是用成熟蜜3~4份或优质白糖2份，兑水1份，以文火化开，待放凉到30~40℃后，装入饲喂器或空脾内，于傍晚时喂给。每次每群1~2千克，连喂数次，直至补足为止。对于弱群，用蜂蜜或糖浆饲喂，易引起盗蜂，须加入蜜脾予以补饲。若无准备好的蜜脾，可先补喂强群，然后再用强群的蜜脾补给弱群。

2）奖励饲喂：为了刺激蜂王产卵和工蜂哺育幼虫的积极性，用稀薄蜜水或糖浆饲喂蜂群。在春季和秋季，为了迅速壮大群势或在人工育王时，都必须进行奖饲，奖饲应于主要流蜜期到来前的4~5天，或外界出现粉源前的一周开始；秋季奖饲，应于培育适龄越冬蜂阶段进行；人工育王时，应在组织好哺育群后就开始奖励饲喂，直到王台封盖为止。奖励饲喂时，用成熟蜜2份或白糖1份，加净水1份进行调制，每日每群喂给0.5~1千克。次数以不影响蜂王产卵为原则。为了引导蜜蜂授粉，也对蜂群奖励饲喂带花香的蜂蜜或糖浆，只需在调制时加入用花浸制的水即可。

（2）饲喂花粉 饲喂花粉是在外界粉源不足或早春外界无粉

时，常采用的给蜂群补喂花粉或花粉代用品的方法。

饲喂花粉的方法，是将储存的粉脾，喷上稀蜜水或糖浆，加入巢内供蜜蜂食用。若无储备的粉脾，可用各种天然花粉盛于各种容器中，在花粉表面喷些蜜水或糖浆，然后放在蜂场适当的位置上，让蜜蜂自己去采集。在周围蜂场较多或易发生盗蜂的时期，也可用蜜水或糖浆把花粉调制成团状，直接抹在靠近蜂团的巢脾上或放在框梁上供蜂食用。

饲喂花粉代用品的方法是，将奶粉、黄豆粉、酵母粉等加入约 10 倍的糖浆中，经煮沸待凉后，于傍晚倒入饲喂器中，结合喂糖饲喂蜂群。喂量一般以第 2 天蜂群完全采食完为宜，喂量过大，容易导致饲料发酵变质。

（3）喂水　喂水则是为了在蜂群采水不便时减少蜜蜂工作负担，或早春和晚秋外界气温较低时，人工设置喂水器或其他设施，提高蜜蜂采水效率的方法。

喂水的方法：在早春和晚秋采用巢门喂水，即每个蜂群巢门前放一个盛清水的小瓶，用一根纱条或脱脂棉条，一端放在水里，一端放在巢门内，使蜜蜂在巢门前即可饮水。平时应在蜂场上设置公共饮水器，如用木盆、瓦盆、瓷盆之类的器具盛水，或在地面上挖个坑，坑内铺一层塑料薄膜，然后装水，在水面放些细枯枝、薄木片等物，以免淹死蜜蜂。在蜂群转地的时候，为了给蜂喂水，可用空脾灌上清水，放在蜂巢外侧；在火车运输途中，可以时常用喷雾器向巢门喷水。干燥地区越冬的蜂群常因饲料蜜结晶，需要喂水。无论采取哪一种方法喂水，器具和水一定要洁净。

（4）喂盐　在蜜蜂的生活中，还需要一定的无机盐，一般可从花粉和花蜜中获得，也可在喂水时，加入 0.5% 的食盐进行饲喂。

46　怎样调脾？

正确调脾是调动蜜蜂的积极性和克服不利的因素、获得高产的关键。

（1）**箱内调脾** 蜂王产卵一般喜欢在蜂巢中央部位的巢脾上，蜂巢的中央部位为子脾，靠边缘为粉脾和蜜脾。根据这一特性，蜂巢一般布置成两边侧为蜜脾，向蜂巢中央依次放置新封盖蛹脾、幼虫脾、卵脾和老蛹脾。这样布置蜂巢既可以有效地保护对温度变化最为敏感的幼虫，又便于蜂群管理。正在出房的老蛹脾被布置在蜂巢中央，巢脾上不断有新蜂出房，蜂王能很快在空巢房中产卵。5~7天左右再把羽化出房的空脾调至蜂巢中央，供蜂王产卵，而逐渐将原来的封盖子脾、大幼虫脾向外移动。

（2）**蜂群之间的调脾** 为了利用好小群产卵和强群孵育的生物学特性，可将弱群的卵、虫脾调一部分到强群里去孵育，加空脾让弱群产卵。组织强群采集时，将一群的封盖子脾调到另一群里去，让其中一群很快变强，投入到采集中去。强弱互补，均等群势时，就是把弱群里的卵和小幼虫脾调入强群哺育，同时又把强群里的封盖子脾提入弱群，补充弱群，弱群也会很快强大起来，达到均等群势的目的。

47 怎样合并蜂群？

在养蜂过程中，合并蜂群是经常性的重要工作，只有坚持饲养强群，才能获得蜂产品的优质和高产。早春合并弱群，可加速蜂群增长；晚秋合并弱群，可保证安全越冬；大流蜜期合并弱群，有利于增加蜂产品的产量；断蜜期合并弱群，有利于节约饲料和防止盗蜂；失王群如无法诱入蜂王时进行合并，可防止工蜂产卵。

（1）**合并蜂群的原则及准备工作** 若合并的蜂群强弱不均，则将弱群合并于强群，也可取强群的一部分合并给弱群。对于失王已久，巢内老蜂多、子脾少的蜂群，需先补给1~2张卵虫脾，将急造王台除去之后，才能进行合并。若合并的蜂群是无王群和有王群，应将无王群合并于有王群。若合并的蜂群都有王，须在合并的前2天，将其中质量较差的蜂王淘汰或提走。如果合并的蜂群相距太远，要预先逐渐使蜂群相互靠拢并列在一起后再

合并。

（2）合并的方法　合并蜂群有直接合并和间接合并两种方法。

1）直接合并法。适合大流蜜期，将一群逐渐移至另一群的一侧，再将该群的蜂王捉出，连蜂带脾提出放入另一箱的另一侧，中间间隔一定距离，两群分别用保温板暂时隔开。过1~2天，两群的气味混合后，抽出保温板，将两群的巢脾靠拢即可。也可将蜜水、酒或香水等洒入箱内，混合两群气味，再行合并，较为安全。

2）间接合并法。适用于缺蜜期的蜂群，或失王过久，或巢内老蜂多而子脾少的蜂群合并。合并时，先在一个蜂群的巢箱上加一铁纱副盖和一个继箱，然后把另一群的蜂王捉掉，连蜂带脾提到继箱内，盖好箱盖，1~2天后，拿去铁纱副盖，将继箱上的巢脾提入箱内，撤去继箱即可。也可以中间用报纸隔开，让工蜂自行咬通后，将继箱上的巢脾提入箱内，撤去继箱即可。

中蜂的蜂群合并，除必须遵循上述原则外，应尽量采用间接合并法。

48 怎样诱入蜂王或王台？

在组织新蜂群、更换老劣蜂王和蜂群失王后需要诱入蜂王或王台。

（1）诱入蜂王成功的条件　巢内有王台或蜂王存在，诱入蜂王，不会成功，在诱入前，应将王台除尽或提前1~2天除掉蜂王。蜂群失王不久，尚未改造王台时，诱入蜂王容易成功；巢内无王，工蜂尚未产卵时，诱入蜂王也容易成功；此外用幼蜂来接受蜂王，容易成功。蜂群失王不久，容易接受刚出台的处女王，一般不必采用诱入器；蜜源丰富时较蜜源枯竭时容易诱入蜂王，在蜜源缺乏时，要加诱入器。产卵盛期的蜂王较产卵衰退、停卵或久囚的容易诱入；傍晚或夜间诱入蜂王较白天容易；诱入一只安静的蜂王较一只惊慌的容易；诱入一只强健、生气蓬勃的产卵王，工蜂容易接受；蜂王单独诱入比有工蜂伴随时更容易成功；强群比弱群诱入蜂王要难。

（2）诱入蜂王的方法　诱入蜂王有直接诱入和间接诱入两种方法。

在大流蜜期时，可将蜂王直接诱入蜂群。具体做法是在傍晚，给蜂王身上喷上少量蜜水，轻轻放在巢脾的蜂路间，让其自行爬上巢脾；也可将蜂王放在巢门口，让蜂王和采集蜂一起爬入无王群里。如蜂王受围，应立即解救。

在诱入蜂王比较困难时，应采用间接诱入法。具体做法是将诱入的蜂王暂时关进用铁纱做成的诱入器内（图5-2），扣在巢脾有蜜处，经过一段时间再放出来。

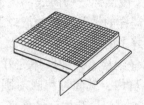

图5-2　蜂王诱入器

（3）王台的诱入　诱入王台前将蜂王捉走1天以上，再将成熟王台，用手指轻轻地压入巢脾的蜜、粉圈与子圈交界处，王台的尖端应保持朝下的垂直状态，紧贴巢脾。诱入成功后，工蜂会进行加固和保护。

49 怎样解救被围蜂王？

围王是蜂群中工蜂对蜂王的一种排斥行为，当工蜂不接受诱入的蜂王，或处女王交配后误入其他群内，或蜂王受惊在巢内乱窜，或分蜂群的蜂王误入其他群等情况下，都可能会发生数十只工蜂将蜂王团团围住，形成围王球，使蜂王无法逃脱的情况。围王球中，有许多工蜂撕咬蜂王，蜂王如不能得到及时解救，往往致残，或被围死。

　　一旦发生围王，形成围王球，应立即将围王球取出，向围王工蜂喷水、喷烟或将蜂团投入水中，使工蜂散开，救出蜂王。切不可用手或用棍去拨开蜂团，这样工蜂会越围越紧，很快把蜂王咬死。如果解救还不成功，可用大碗一只，盛满清水，放在蜂王被围的箱边地上。蜂王大多被围在 2 张巢脾之间，形成 1 个蜂团，小的如核桃，大的似鹅蛋，工蜂严密地把蜂王围在中间。此时慢慢移开 2 张巢脾中的 1 张，把有蜂王的那一张小心地提出箱外，然后把蜂团对准碗的上方用力一抖，蜂团就掉在碗中。因为碗中有水，工蜂就会纷纷散开飞走，最后留下蜂王和少量几只工蜂，应当即用手轻快地抓住蜂王翅膀，把她囚于事先准备好的工蜂进不去的王笼中，另做处理。若蜂王被围在箱底或箱壁，可用厚纸板 1 块，用纸板的一头慢慢伸进蜂团底部，提出蜂团，用力朝碗内一倒，会出现上述同样的情况，然后把蜂王囚于工蜂进不去的王笼。这种方法解救蜂王的成功率达 95% 以上。

　　救出的蜂王，要仔细检查，如肢体完好，行动仍很矫健者，可以把蜂王诱入其他群内，其间可每晚对围王群进行奖励饲喂，促使蜂群早日接受蜂王；如果肢体已经伤残，无利用价值，应立即淘汰更换新王。

50 怎样处理自然分蜂？

　　自然分蜂如果是刚刚开始，蜂王尚未飞出巢门，应立即关闭巢门，从纱盖上向蜂巢内喷水，让蜂群安静下来。安静后开箱检查，找到蜂王，用王笼扣在巢脾上，并毁掉巢脾上的所有王台。在原群放一个空继箱，箱内放入几张空脾，一张卵虫脾，一张蜜粉脾，将扣王脾提入空箱，并放出蜂王，组成一个临时蜂群。这样飞出的工蜂会自然飞回，过几天待蜂王恢复产卵后，再并入原蜂群。

　　如果蜂王已随工蜂飞出蜂巢，会在蜂场周围的树枝或屋檐下临时结成一个大的蜂团，待侦察蜂找到新巢后，全群便远飞而去。因此，收捕蜂团应及时、迅速。否则蜂群再次起飞后就难以收捕了。具体收捕方法是：将绑上一小块巢脾（或抹点蜂蜜）的收蜂笼放在蜂团上方，用蜂帚或带叶的树枝，从蜂团下部轻轻扫动，催蜂进笼。待蜂团全部进笼后，再抖入准备好了的蜂箱内。如果蜂团在高大的树枝上，人无法接近时，用一根长竿子绑上有少量蜜的巢脾，举至贴近蜂团的上方，招引蜜蜂爬上巢脾；爬满蜂后，取下巢脾检查是否有蜂王，并将其放入一个事先准备好的空蜂箱内，盖上纱盖，关上巢门。用同样的方法再去招引其他蜜蜂，直至把蜂王招引到巢脾上。发现蜂王后，用王笼扣住蜂王，连巢脾一起放入空蜂箱内，打开巢门，其他工蜂会自然飞来。新分出的蜂群加入一张卵虫脾，一张蜜粉脾，放置在一个适当的位置，便形成了一个新蜂群。

51 怎样防止盗蜂？

在蜜粉源缺乏的季节有些蜂群的工蜂会趁其他的蜂群戒守不严，进入其他群，偷盗蜂蜜回本群，这时被盗群工蜂往往会与盗蜜的工蜂发生厮打，被盗群巢门口有死蜂和正在厮杀成团的工蜂。盗蜂一般发生在相邻蜂群之间。有时两个相邻的蜂场，由于饲养的蜂种不同，或群势相差悬殊，也会发生一个蜂场的工蜂飞去盗另一蜂场的蜂群储蜜的情况。在一个蜂场内，如果多数蜂群起盗，称为全场起盗。被盗群常是弱群、病群、无王群和交尾群。一旦发生盗蜂，轻则被盗群的贮蜜被盗空，重则大批工蜂斗杀死亡，蜂王遭围杀，而引起全群毁灭。如果全场起盗，损失更加惨重。盗蜂也会传播疾病，引起疾病蔓延。因此，防止盗蜂，是蜂群管理中最重要的一个环节之一。

（1）盗蜂产生的原因

1）外界蜜粉源短缺。当外界蜜粉源短缺时，外勤蜂缺少了工作的对象，本能促使它们到处寻找可以带回蜂巢的蜜粉，这时候偷盗行为也就开始发生了。

2）饲养管理的失误。如果有发生盗蜂的危险，处理蜂群时应注意：谨慎小心地打开蜂箱，避免由于开箱引起的蜜蜂骚动；

操作迅速，减少由于开箱而引起的其他蜂群的注意；不把有蜜巢脾暴露在外面；多余的蜂箱、巢脾摆放有序，不留有缝隙，以免招来蜂群偷盗；掌握好饲喂时间，避免糖水到处洒落。

3）种性的原因。盗性的强弱因蜂种不同而不同，一般黄色蜂种比黑色蜂种易盗，浆型蜂种比蜜型蜂种易盗，多交种比单交种易盗。

4）蜂群的大小及蜂脾之间的关系。蜂群群势的不同及蜂脾间的关系也是引起盗蜂的一个主要原因。往往弱小的蜂群是被盗取的对象，由于它们的防卫能力差，护脾力低，抵挡不住外来蜂群的攻击；脾多于蜂而引起的盗蜂是由于蜜蜂护脾能力低造成的。

（2）盗蜂发生的前兆与盗蜂的识别

1）作盗群。据观察，作盗群一般是强蜂群，其蜂王产卵力强，群势强大。在自然界缺乏蜜粉源，同时巢内又缺乏饲料的情况下，尤其是秋季，在蜂群的越冬准备期，作盗群具有大量储备饲料的"欲望"。

2）被盗群。被盗群一般是弱小蜂群，箱内脾多蜂少，守卫能力差，容易诱发盗蜂。造成这种情况的原因有：一是蜂王产卵力弱、质劣，群势发展非常缓慢，工蜂采集力差，或是病群；二是交尾群或新分出群，蜂王质量很好，发展势头好，只是暂时弱小；三是蜂群强大，但出于管理失误造成被盗。

3）盗蜂发生进程的观察。首先看绕箱飞行侦察蜂的数量，数量多，声音频率高，表示攻击性强，被盗的可能性就大；反之数量少，飞翔声音小，被盗的可能性就小。侦察蜂绕箱飞行，先是探寻入箱之门，伺机入箱。此时若养蜂人及时发现，并采取有效措施，如缩小巢门或改装防盗巢门等，可能会阻止"战争"的发生。

4）盗蜂的识别。盗蜂多为老蜂，体表绒毛较少，油亮而呈黑色，飞翔时躲躲闪闪，神态慌张，飞至被盗群前，不敢大胆面对守卫蜂，当被守卫蜂抓住时，试图挣脱。作盗群出工早，收工晚。进巢前腹部较小，出巢时腹部膨大，吃足了蜜，飞行较慢。如果巢门前有三三两两的工蜂抱团撕咬，一些工蜂被咬死或肢体残缺，就是盗蜂发生了。在被盗蜂群的巢门前，撒上一些白色的滑石粉或灰面，观察带白粉的工蜂的去向，即可以找到偷盗群。

（3）盗蜂的预防

1）选择蜜源丰富的场地，坚持常年养强群，是预防盗蜂的关键。

2）加强饲养管理。在断蜜期，要缩小蜂箱巢门，糊严箱缝。检查蜂群时目的要明确，速度要快，尽量不在白天开箱检查。检查蜂王和饲料储备应根据经验迅速做出判断，目的达到后立即停止检查，恢复原状。检查蜂群时应在蜜蜂停止飞翔时进行，在傍晚加脾饲喂，先喂大群后喂小群。箱外或场地上如果洒有蜜汁或糖浆，及时用布擦净或用土盖严。不给蜂群饲喂气味浓的蜂蜜和用芳香药物治螨。

3）保持蜂群内有充足的饲料。俗语说得好，"饥寒起盗心"，所以充足的饲料也是止盗的一个好方法；蜂群内的饲料储备对蜂群的采集力有较大的影响。

4）合理调整蜂群，保证蜂脾相称。紧密的蜂脾关系是防止盗蜂的一个非常行之有效的办法，群内蜜蜂充足，蜂群内部压力减轻，才能保证大部分蜜蜂投入到保卫蜂群的活动中，减少外来的偷袭，这样才不会发生盗蜂。

5）更换蜂种。蜜蜂的盗性很大一部分是天生的，这跟其种性有着很大的关系，由于种间差异、种内差异、长期近交、种性混杂等诸多因素而引起的盗蜂是非常常见的，所以一旦蜂场形成盗性种蜂，就要及时换种，减少由于种性而引起的盗蜂。

6）蜂巢、蜂蜡和蜂蜜切勿放在室外，不要把蜂蜜抖散在蜂场内。

7）中蜂和西蜂不能同场饲养，西蜂场应离中蜂群较远。

（4）盗蜂的制止　一旦出现盗蜂，应立即缩小被盗群的巢

第五章

蜂群基础管理

55

门，并在巢门前放上卫生球等驱避剂。如果还不能制止，就必须找到作盗群，关闭其巢门，捉走蜂王，造成其不安而失去盗性。或将被盗蜂群迁至5千米之外，在原处放一空箱，让盗蜂无蜜可盗，空腹而归，失去盗性。如果已经全场起盗，则应果断搬迁场址，将蜂群迁至有蜜源的地方，盗蜂自然消失。也可以安装盗蜂预防器，如图5-3、图5-4所示。

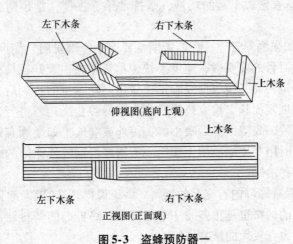

图5-3　盗蜂预防器一

图5-4　盗蜂预防器二

在养蜂生产中，蜂群内由于不良因素的影响，每年都可能发生部分蜂群逃亡的现象。

（1）蜂群逃亡的原因

1）遗传原因。有的蜂种，在巢内环境极不适于蜂群生存时，很易逃亡，如中蜂。有的蜂种，即使在饥饿时，也不愿离巢逃亡，如意蜂，而小群例外。

2）储蜜缺乏。在野外蜜源缺乏时，巢中存蜜消耗渐尽，蜂王产卵减少或完全停止，甚至蜜蜂停止饲喂幼虫，将幼虫抛出巢外，这时若不大量补助饲喂，蜜蜂最易逃亡。

3）病敌害严重。幼虫腐臭病、囊状幼虫病等发生严重。蚂蚁、蜡蛾幼虫、胡蜂等种种敌害或盗蜂侵入，蜂群无力抵抗而逃亡。中蜂逃亡的主要原因是巢虫的为害。

4）巢箱位置不宜。蜂群靠近有高大的烟囱的地方，常被熏；或炎夏受阳光直射，巢内温度过高；或在丛林之中，不见阳光，巢内发霉时，易逃亡。

5）群势过弱。新分群、交尾群蜜蜂很少，没有充分的能力调节巢内的温度且采集能力低，在夏季气候酷热，食料缺乏时，这些小群就容易逃亡。

6）异味刺激。喂药时，药味太浓，刺激到了蜜蜂。

7）强烈震动。检查时动作太重，蜂群受到强烈震动；或靠近铁道、工厂，常被震动，都会逃亡。

（2）防止蜂群逃亡的措施

1）改善饲养管理，消除逃蜂的内因。在分蜂季节及时分蜂，防止自然分蜂；选择蜜源充足的地方放蜂，防止缺粉断蜜；及时扑灭巢虫、胡蜂等，做好防病、治病工作；避免蜂群受到烟味、臭味及震动等刺激；不把蜂箱放置在高压线下、烈日或寒风中；对弱势蜂群要勤喂，并勤换老脾，多造新脾，保持蜂脾相称，以增强群势，减少弱群；经常清扫蜂箱，保持其清洁卫生，防止箱

第五章 蜂群基础管理

底污物厚积。总之，就是要通过加强管理增强蜜蜂的就巢性，降低逃蜂的可能性。

2）经常观察蜂群，及时发现蜂群的外逃征兆。逃蜂的征兆很多，只要仔细观察就不难发现，如工蜂出勤显著减少，守卫、扇风几乎停止；箱内的蜂骚动不安，储蜜显著减少；蜂王产卵减少或停止，且腹部收缩，王台封盖，幼虫干枯；箱底污物厚积，巢脾旧黑，且被咬得破烂不堪；巢虫大量滋生，纵横穿插，并吐丝结茧。如果发现以上征兆，就要立即压低巢门，把巢门板压低到距起落板4～4.3厘米，只许工蜂出入，使蜂王不能通过，同时剪去蜂王的一侧翅膀（但要将该翅前缘脉的大半留下），使其不能飞翔。这样，即使工蜂逃离，但因蜂王不能随迁，工蜂一般都会自然折返。

53 怎样防止工蜂产卵和咬脾？

蜂群失王过久，没有及时处理和补入蜂量，致使巢内断子时，蜜蜂为急于繁衍后代，部分工蜂特别是较老工蜂，即开始产未受精卵。中蜂在失王5～7天后，工蜂开始产卵，意蜂失王13～15天后工蜂开始产卵，喀意杂交蜂失王13～15天，巢内仍表现很平静，无失王反应，不急造王台。当失王超过20～25天时才见有失王现象，如不及时处理，延续25天后工蜂即开始产卵。

工蜂产卵不分巢房性别和大小，一般在巢脾的中间巢房开始产卵。其原因是蜂群失王后工蜂的采集力大大降低，出勤减少，普遍都有缩脾的现象，因此往往都是产在巢脾中间的工蜂巢房中。由于工蜂个体比一般的雌蜂都小，腹部细而较短，产下的卵粒也较小而细长，通常都产在巢房壁的中下部。一群中常有数只工蜂同时出现产卵，产的卵很不整齐，在巢房中杂乱无方向，东歪西斜并常可见到一房内产下2～3粒卵。当卵孵化成大幼虫或封盖后，巢房都比原来的正常工蜂巢房高出3～5毫米，口径的大小不一（上大下小），高低不平，常使整个巢脾损坏，经工蜂产卵的巢脾一般不能用于蜂群中。

发现蜂群失王后应及时采取有效措施诱入新王，防止工蜂产卵，以免给饲养管理上带来麻烦。若发现工蜂已经产卵，就不能直接诱入成熟王台，因为新王出房后虽能与本群工蜂相处几天，但等处女王试飞或婚飞归巢时，通常都会被工蜂杀死。特别在工蜂产卵群内无子脾的情况下，直接诱入产卵蜂王，容易被斗杀。

（1）对工蜂产卵群采取的处理方法

1）把工蜂产卵群拆除。在外界气温在16℃以上的晴天，把蜂箱移到蜂场外，将巢脾全部提出，把蜂抖落地面，箱内壁的蜂倒出。在原址放一箱比较弱的有王群，让蜜蜂自然进巢，这样工蜂产卵群的未产卵蜜蜂全部充实了有王弱群，使弱群得到补助，加强了群势，而产卵的工蜂会留恋自己的巢脾不会返回。

2）把工蜂产卵群连脾带蜂合并到其他中等群。每群补充入1～2脾蜂比较安全，不要全部集中到一群，以免两群产生斗杀。

3）把工蜂产卵群内的巢脾全部提出或提出一部分，抖掉蜜蜂，让其自然归回原巢。再从双王群中提1～2个大幼虫脾，连蜂带王放进无王群，工蜂产卵会自然消除。也可把工蜂产卵群的脾逐一提起，将蜂抖落在箱内，再从有王群提来一个幼虫脾，抖除蜜蜂，带一只产卵王，乘蜜蜂混乱之机加入无王群。

4）把工蜂产卵群中的脾全部用带幼虫或封盖子脾取代，作交尾群用。将工蜂产卵群脾全部提出或提出一部分，抖蜂于地面或箱内，从有王群中提进1～2张大幼虫脾，并在脾上按一个成熟王台，处女王出房后，能与本群工蜂相处（因为巢内已有大幼虫和部分幼蜂出房），所在处女王试飞或婚飞归巢时不会围斗。

（2）防止工蜂咬脾的方法 中蜂有咬脾的习性，咬下的蜡屑，易生巢虫，影响繁殖后代，并且浪费蜜蜂重新修造巢脾的精力。因此，要注意防止咬脾。中蜂咬脾是因为蜂王不喜欢在老旧脾上产卵，在脾中间咬成洞，好结团，同时也是为了驱逐巢虫。

1）选择种用群时要选抗巢虫能力强的蜂群。

2）利用蜜源植物大流蜜时，多造脾，经常更换，使用新脾，坚持巢脾不超过一年，老脾化蜡。

3）常削旧脾，中蜂脾往往是上半部储蜜、下半部育虫，因此，对于一些上半部完好的老巢脾可以削掉下半部，再镶上巢础，使蜂群接补成整片的巢脾。

4）蜂巢里经常保持蜂多于脾或蜂脾相称，抽出多余的空脾另行保管。

5）越冬时，将整张巢脾放在蜂巢两边，半张巢脾放在蜂巢的中央，箱内巢脾排列成"凹"形，以利于蜜蜂结团。

54 怎样移动蜂群？

蜜蜂识别方向的能力很强，蜂群位置的摆放事先应考虑周到，一旦蜂群位置固定后就不能随意搬动，变更位置，否则工蜂出巢后仍飞回原址，造成很大损失。但由于养蜂生产的需要，或蜂群合并，也会移动蜂群。移动蜂群分为近距离和远距离移动。

（1）蜂群的近距离移动　如果少量蜂群需作 10～20 米距离内迁移，可采用逐渐迁移法。具体做法是：在蜜蜂停止飞翔的早晚，每天做一次前后不超过 1 米、左右不超过 0.5 米的移动。

1）利用越冬期迁移法。当蜂群越冬结团，不外出飞翔，将蜂群直接移动到指定位置。

2）直接迁移法。一次将蜂群移到新址，打开全部通风装置，用干草或报纸将巢门堵住，让工蜂慢慢咬开，并在原址暂放几个弱群，收集飞回的老蜂。

3）二次迁移法。先将蜂群迁离原场 5 千米以外的新址，过渡饲养半个月后，再迁回原场，按要求布置。

（2）远距离迁移法　通常称为转地。就是将蜂群从一个地方运往另一个地方，进行繁殖、采蜜和授粉，也称之为"追花夺蜜"。一般西方蜜蜂多采用转地放养，中蜂也可以进行短途小转地饲养。

转地放蜂应调查蜜源场地，选好放蜂路线，做到有目的、有计划地放蜂。

转地放蜂启运之前应先调整蜂群的群势，如果群势太强，容易在转运途中闷死蜜蜂或坠脾；群势太弱则运到新址后难以恢复和发展群势。转运时强群放在通风较好的前面或侧面。其次是应补足饲料，避免在途中饿死蜜蜂。喂蜜时应喂浓度较高的清洁蜜，切忌喂稀薄蜜，否则途中蜜蜂会产生"热虚脱"而死亡。

　　蜜蜂有很强的趋光性。转运期间应关闭巢门，白天转地应使蜂箱不透光但应通风，避免强烈震动，否则蜜蜂在箱内骚动，温度升高，会闷死蜜蜂。但在高温时长途转运要开巢门运蜂，因为蜜蜂在运输时易堵塞巢门。

55 怎样人工育王？

　　人工育王可以通过精选良种、杂交繁育的方式，按照人们的意愿培育适应生产发展和社会需求的品种品系。按计划、定时、定量成批培育蜂王，为人工分蜂、换王、储存蜂王等提供方便。

（1）育王前的准备

　　1）父母群的选择。育王的种用群要选择有效产卵力高、采集力强、分蜂性弱、抗逆性强、抗病力强和体色比较一致的蜂群。在父母群的选择时必须要注意两点：一是选母群时，只注重蜂王的体色，这是不全面的，因为纯意王也有黑尾的，纯喀王也有"花"的。二是不注意对父群的选择，认为只要母群选好了，随便使用什么雄蜂交尾都可以，这是不对的。因为蜂王的质量再好，但若与其交尾的雄蜂种性很差，则该蜂王所产的工蜂及由此而发展起来的蜂群的质量也很可能是不理想的。

　　2）种用雄蜂的培育。处女王性成熟时，一般在婚飞中与多只雄蜂交尾。并将精子储于受精囊中，以后不再交尾。因此，必须培育出适龄的雄蜂与其交尾。一般在着手培育处女王的前20天左右，就必须开始培育种用雄蜂。最好是在种用雄蜂即将大量出房时再开始移虫培育处女王。

　　在培育种用雄蜂前，应事先准备好雄蜂脾。可用专用雄蜂巢础插在强群中修造而成，也可用较老的工蜂脾切去下部的1/2或1/3后，插在强群中修造而成。

第五章　蜂群基础管理

为保证处女王的变尾成功率和受精质量，可按一只处女王配上 30~50 只雄蜂的比率来培育种用雄蜂。种用雄蜂的哺育群群势一定要强，而且饲料要充足，必要时还需进行奖励饲喂。试验证明，雄蜂个体发育的大小与其幼虫期吃的花粉多少有直接关系，花粉不足，则羽化出房的雄蜂个体小；雄蜂精液中所含精子的数量，与其幼虫期头 3 天吃的饲料的质量也有关。

3）处女王哺育群的组织。处女王哺育群通常称作养王群，必须在移虫前 2~3 天组织好。为保证处女王遗传学上的稳定性，最好用与母群同种性的蜂群作哺育群。

哺育群无论是继箱群还是平箱（10~20 张脾）群，都应用隔王板分隔成为育王区和蜂王产卵区。继箱群的育王区，可设在继箱上。育王框应放在育王区中央，紧靠育王框的两侧；一侧放置幼虫为主的虫卵脾；另一侧放一张大封盖子脾。既可起到保温作用，又可保证哺育蜂集中吐浆饲喂蜂王幼虫。

(2) 移虫的步骤及方法　人工育王的方法有若干种，如切脾育王，移卵育王等，但最常用的还是移虫育王。移虫工作应在避风、明亮、阳光不直接照射的清洁地方进行，最好是在室内进行。气温要求保持在 25~30℃左右，还应保持一定的湿度。

1）选取适龄幼虫脾。培育处女王用的幼虫应是 24 小时以内的。日龄过大的幼虫培育出的处女王卵小管发育较差，质量不好。应从母群中选择王浆充足，幼虫呈新月形的成片幼虫房，便于移虫。为获得足够数量的适龄幼虫，可在移虫前 4 天从母群中提出 1~2 张幼虫脾，使蜂数密集，并加进 1 张已羽化过一次的空脾供蜂王产卵。4 天后，取出这张巢脾，这时已孵化的幼虫即为 1 日龄的幼虫。

试验表明，用较大的卵孵化出的幼虫培育处女王，处女王个体较大，卵小管发育较好。为获得较大的卵，可将产卵王（最好是老蜂王）用框式隔王板限制在大幼虫脾，刚封盖的子脾及蜜粉脾上，待 8~13 日后，加一张空脾让其产卵，这时产的卵较大。用该卵孵化出的幼虫进行移虫养王，则能培育出较高质量的处女王。

2）移虫。将粘好蜡碗的育王框放在任何一个蜂群中清扫2~3小时后，即可取出进行移虫。

移虫分单式移虫和复式移虫两种，单式移虫较简便，但育出的处女王质量一般不如复式移虫的质量好。

单式移虫的方法是从母群中提出小幼虫脾，用移虫针将24小时之内的小幼虫轻轻沿其背部钩起，依次移入经工蜂清扫过的蜡碗内（图5-5）。移毕，将育王框插入哺育群的哺育区的两张小幼虫脾之间即可。如果进行复式移虫，则将经过一天哺育的育王框从哺育群中取出，将其王台中已接受的幼虫用镊子轻轻地取出，注意不要搅动王台中的王浆，然后再移入母群中24小时之内的小幼虫。移毕，将育王框重新放入哺育群中。在复式移虫过程中，第一次移的虫不一定是母群的，而且幼虫的日龄也可稍大一些；但第二次移的虫一定要是母群的，并且其日龄不能超过24小时。

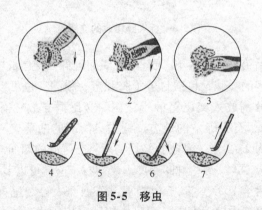

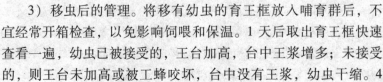

图5-5　移虫

3）移虫后的管理。将移有幼虫的育王框放入哺育群后，不宜经常开箱检查，以免影响饲喂和保温。1天后取出育王框快速查看一遍，幼虫已被接受的，王台加高，台中王浆增多；未接受的，则王台未加高或被工蜂咬坏，台中没有王浆，幼虫干缩。4

天后进行第二次检查，动作要快，目的是查看王台内幼虫发育情况和王浆含量。第6天再进行一次检查，这时王台应已封盖。若有未封盖的或过于细小的王台，则应淘汰；同时全面检查一下哺育群，发现有自然王台或急造王台，应一并毁掉，若接受率太低与育王计划相差很大，应抓紧时间再移一批虫。

（3）**组织交尾群** 组织交尾群前要准备好交尾箱。交尾箱可以自己制作，其结构与其他蜂箱相似，仅尺寸较小。也可将普通标准箱用木制隔离板隔成2～4个小室（图5-6），前后左右各开一个小巢门，每室可放1～2张巢脾。各室之间分隔要严密。绝对不可以让工蜂或蜂王互通空隙。

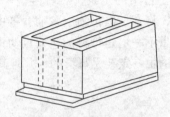

图5-6 标准蜂箱改的交尾箱

移虫后第9天或第10天就应组织交尾群，交尾群内应有3～5脾幼蜂较多的巢脾，包括封盖子脾和蜜、粉脾，也可以带些大幼虫。每群分别放入交尾箱的小室内。交尾群安放在有明显标记（树、灌木、石头等）的地方，锄去巢门前的杂草。两个交尾群间的距离为2～3米。专业养蜂场，可将交尾群的四面涂上不同颜色，排列成"～"形，群间距离1米左右，这样可以节约场地。

移虫后第10天，将王台割下，分别诱入各交尾群内。诱入时，先在巢脾中部偏上方，用手指按一个长形的凹坑，然后将王台基部嵌入凹坑内，端部朝下，便于处女王出房。诱入前如交尾群内有急造王台，应立即毁掉。如果连续使用交尾群，前一个已交尾蜂王提走后，马上诱入王台，易被工蜂毁掉，可用王台保护圈将王台保护好，再固定在巢脾中上部。育王框或单个王台，切忌倒提、倒放、丢抛和震动。诱入王台时，两脾之间不要挤压。如果发现小而弯曲的王台，应予以淘汰。

王台诱入的第 2 天傍晚，普遍检查 1 次交尾群蜂王是否出房，如果发现未出房的死王台，毁去后再补入成熟王台。

处女王出房第 6 天后，在晴天温暖的中午，飞出箱外进行空中交尾，交尾成功的蜂王尾部带一白色线状物（雄蜂的外生殖器）。交尾后的蜂王腹部开始膨胀，几天后就开始产卵，培育蜂王就成功了。

56 怎样人工分蜂？

人工分蜂是指在蜂群中，抽取蜜粉脾、子脾、成年蜂脾数张组成一个新蜂群。经过人工分蜂后，到了主要流蜜期，原群和分出群都要发展为强大的生产群势，从而达到增加蜂群数量，扩大生产能力，增加蜂产品产量的目的。

（1）单群均等平分法 常见的人工分蜂法之一。具体做法是：把一群蜂的蜜蜂和子脾（蛹、幼虫和卵）分为大致相等的两半。把原蜂群向一侧挪开一个箱位，然后在原群的另一侧摆放一个干净的空蜂箱，接着把原群里的一半子脾、蜜脾、粉脾连同蜜蜂提出放到空蜂箱里去，其中一群的蜂王为原来的老王，另一群的蜂王是分蜂后诱入的新产卵王。

（2）单群非均等分蜂法 把一群分为不相等的两群，其中一群仍保持强群，另一群为小群，将老王留在强群内，给小群诱入一只产卵王。也可以诱入一个成熟王台，或一只处女王。

操作时，从一个强群里提出 3～4 张老封盖子脾和蜜、粉脾，并连蜂一起放入一个空箱内，组成一个无王的小群，搬到离原群较远的地方，缩小巢门，过 1 天之后，诱入一只优质产卵王或一个成熟王台，或一只处女王即可。分出后第 2 天，应进行一次检查，如发现老蜂飞回原群而蜂量不足，可从原群抽调部分幼蜂补充。补蜂宜在傍晚进行，减少盗蜂发生。

（3）单群分出多群法 将一个强群分为若干小群，每群 2～3

脾，有一张蜜、粉脾和 1~2 张子脾。保留着老王的原群留在原址，其他小群诱入一只处女王或成熟王台，待处女王交尾成功后，就成为独立的蜂群。

（4）混合分蜂法　利用若干个强群中的一些带蜂的成熟封盖子脾，搭配在一起组成一个新分群。老王的原群留在原址，其他小群诱入一只处女王或成熟王台，待处女王交尾成功后，就成为独立的蜂群。

57　怎样正确管理和使用巢脾？

蜂巢是由若干巢脾组成的。巢脾是蜂群繁殖后代、储备蜜粉和栖息的场所。巢脾的数量和质量直接影响蜂群的繁殖速度。因此，每个蜂场应配足相当数量的巢脾，适时加入，扩大蜂巢，促进蜂群的繁殖和采蜜。饲养西蜂，一般一群为 15~20 张巢脾，每张巢脾的使用时间不应超过 2 年。而中蜂则每年必须更新巢脾，所以必须充分利用时机，多造巢脾。

（1）巢础的选择　巢础是供蜜蜂筑造巢脾的基础，工蜂在此基础上，分泌蜂蜡，把巢房加高而成巢脾。巢础的房眼必须按工蜂房的大小标准制成，中蜂巢础房眼宽度为 4.61 毫米，意蜂为 5.31 毫米。巢础用纯净的蜂蜡制成，少加矿蜡，中蜂巢础应用中蜂蜂蜡制成，不然蜂群不易接受。必须保证房眼的整齐度和准确性，保证其大小一致。

（2）巢础的安装　巢础的质量与安装技术，直接关系到巢脾的好坏、蜂群的群势强弱和饲养管理的方便与否。安装巢础首先要穿好、拉紧铅丝（24~26 号），将铅丝穿在巢框的侧条中，均匀地将巢框分为四等分，然后拉紧，直至用手指能弹拨出清脆的响声为度。接着将巢础放在一块表面光滑、尺寸略小于巢框内径的木衬板上，将上好线的巢框齐上梁压于巢础上，用埋线器顺铅丝将铅丝压入巢础中，再将巢础与上梁接线处用熔蜡粘接严密即可（图 5-7）。

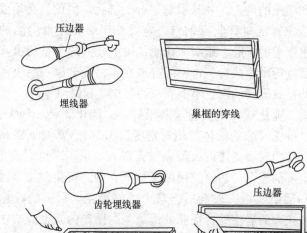

压边器

埋线器

巢框的穿线

齿轮埋线器

压边器

巢础埋线

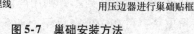

用压边器进行巢础贴框

图5-7　巢础安装方法

（3）造脾技术

1）造脾的条件。造脾应选在外界蜜源植物大流蜜，有新鲜的花蜜和花粉被采进蜂巢，有大量蜡腺能力强的青年工蜂出房的时期。同时蜂王质量好、产卵旺盛，群势强而没产生分蜂热，巢内储存蜜粉充足，卵虫多等都是造脾的好时候。无王群、处女王群不宜造脾。自然分蜂群，刚分出后，工蜂泌蜡造脾的积极性较高，速度也快。

2）加础造脾方法。当蜂群内巢脾上、框梁上出现白蜡，蜂箱中出现赘脾时，就可以进行造脾。一般一群一次加入一个巢础框，加在蜜蜂、粉脾与子脾之间，蜂路完全靠拢，以免中间空间太大，所造巢脾不整齐和造赘脾。在大流蜜期间，强群一群一次可加入2~3个巢础框，造好脾后，可更换老巢脾，供蜂王产卵和储蜜。

（4）巢脾的保存　从蜂群中抽出的巢脾，极易受潮生霉，或

遭受老鼠和巢虫的危害，并易引起盗蜂的骚扰。因此，必须妥善保存。刚摇完蜜的巢脾收存前，一定要让工蜂吸净巢房内的存蜜，刮净巢框上的蜂胶、蜡瘤、粪便，挑出其上的少量幼虫和封盖子。然后进行熏蒸消毒，再密闭存放在不易受老鼠和巢虫侵入的蜂箱内。存放巢脾的附近不能有农药、化肥和煤油等物。

一般用二硫化碳和硫黄粉熏蒸巢脾。二硫化碳是一种无色、透明、略带特殊气味的液体，相对密度为1.263，常温下极易汽化，易燃，使用时避免接近火源和被人吸入。熏蒸时可以叠加6个继箱，上下加盖，一切缝隙用纸条封严。盛二硫化碳的容器应放在最高一层继箱内，放药后，马上盖好箱盖。熏蒸的蜂箱位置，不应放在人的居住处、畜棚的下风处，操作的人也应站在上风处。

所用二硫化碳的量，按每立方米容积用30毫升计算，每个继箱约用1.5毫升，如果密封不好则用药量应加大。

用硫黄粉熏蒸：可在一个空巢箱上加5个继箱，除第一个继箱只放6张巢脾外，其余均可以放满。第一个继箱的6张巢脾，顺两边排列，中间空出，以免熏蒸时引起巢脾熔化起火。在底箱中放一瓦片，加上烧着的木炭小块，从窗口撒上硫黄粉后，硫黄立即燃烧产生二氧化硫气体，可达到杀虫消毒的目的。硫黄粉的用量，应为每立方米用50克，每个继箱用2.5克，如果密封不好用药量应加大。

熏蒸过的巢脾使用前，应先放在通风处，经过一昼夜，待药味完全消失，用清水浸泡晾干之后，才能加入蜂群内。病蜂用过的巢脾，熏蒸后，将脾浸泡在生石灰水或千分之一的甲醛溶液中，消毒杀菌后，才能使用。

---

58 怎样饲养强群？

强群蜜蜂调节蜂巢温度的能力强，所培育的蜜蜂个体大、寿命长、采集力强；强群的蜜蜂能顺利越冬，春季发展速度比弱群快；强群抵抗疾病、敌害、盗蜂和不良天气条件的能力也强；强群里有大量的青年蜂，造脾和产浆能力也比较强。培育强群的主要措施有：

（1）使用优良蜂王 优良蜂王能维持强大的群势。所以，培育优良蜂王首先要根据不同的地区，选择在当地高产、抗病力强、温驯和能维持强群的蜂群作为父母群和哺育群。在选用蜂王时要选择腹部大而丰满，胸部阔大，颜色均匀的蜂王，其次是观察其产卵效果，一只好蜂王，应把卵产在房底正中央，各个卵一般都朝着一个方向倾斜，并产得很匀称，通常从巢脾稍靠上部中央开始，向四周均匀地扩展。

（2）饲养双王群 在一群蜂中用两只蜂王繁殖，是目前较快培育成强群，防止产生分蜂热的有效方法。用双王繁殖时，先将巢箱用框式隔王板隔成两个区，两区各放一只产卵王，在此期间要随时对巢内子脾进行调整。把幼虫脾和卵脾提到继箱上，再把继箱上的空脾调入巢箱中，供蜂王产卵用。待蜂群发展强大，加上第三个箱体以后，再把一只产卵王提到第三箱体中。

（3）经常更换劣质蜂王 经常更换劣质蜂王，是保持强群的重要措施。凡是产卵力下降的蜂王，不管年龄大小，任何时候都应及时淘汰。

（4）及时扩大蜂巢防止产生分蜂热 及时扩大蜂巢供蜂群产卵和储存蜂蜜、花粉，才能促使蜂王多产卵，避免产生分蜂热。有分蜂热的蜂群，即使有大蜜源，也不能获得高产。因此，在这个时期一定要加强管理，及时扩大蜂巢，割除雄蜂蛹和自然王台；还可采取给蜂箱遮阴、扩大巢门、蜂路及改善蜂巢内的通风状况等方法来防止产生分蜂热。

59 怎样组织双王群？

双王群可以加快蜂群的繁殖速度，是养强群、夺高产的有效措施之一。将一个巢箱隔成两区，或将巢箱、继箱之间用隔王板隔成上下区，每区各有一蜂王，限制蜂王在各区内产卵。

饲养双王群要注意两点：繁殖期及时调整巢脾，让蜂王有充分的产卵空间；取蜜期要限制蜂王产卵，以减轻蜂群的哺育负担，使蜂群集中采蜜。

60 怎样进行多箱体饲养？

多箱体养蜂是指在养蜂生产中，周年采用两个箱体供蜜蜂栖息、繁殖和储存饲料，在流蜜期再加 2~3 个箱体供蜂群储蜜。它以箱体调整取代巢脾调整，适应一人多养。多箱喂养技术不仅便于培养强势蜂群，还可大大提高蜂蜜的产量和质量，另外还能简化管理工作，便于机械作业，显著提高劳动生产率。

（1）多箱体养蜂的基本要求

1）较好的蜜源：在当地或邻近地区，一年之中至少有一个比较稳定的主要蜜源，能够生产较多的商品蜂蜜。同时，还应有丰富的辅助蜜源和粉源，以确保蜂群繁殖，维持强群。

2）足够的箱体和巢脾：一群蜂所需的箱体至少 4~5 个，巢脾 30~40 张。

3）充足的饲料储备：一个正常的蜂群，其巢内常年要有三四满框的花粉，15 千克左右的蜂蜜，而越冬期储蜜应达 25~30 千克。

4）优质蜂王：分蜂性弱的优良蜂种及产卵力强的优质蜂王。

（2）多箱体养蜂方法 多箱体养蜂采用活箱底的十框蜂箱，对蜂群管理的各个环节如越冬、饲喂、取蜜、换王、控制分蜂、检查蜂群等合理地加以简化或合并。这种养蜂方法，侧重蜂群与箱体的关系，以箱体为管理单位，以处理整个箱体代替处理各张巢脾。一般情况下，每隔两三个星期，对调一次上下育虫箱。分蜂季节，只要整箱快速检查就能及时破坏王台，提高工效达数十倍。流蜜期在育虫箱最顶层加一块隔王栅，一次或依次叠加 2~4 个带有空脾的继箱以供储蜜，于流蜜即将结束时，整箱脱蜂，一次性取蜜。

第六章
蜂群不同时期的管理

61 蜂群春季应怎样管理？

春季，气候转暖，蜜源植物逐渐开花流蜜，是蜂群繁殖的主要季节。不同地区蜂群的春季管理开始时间不同，一般在立春节气过后便可以开始。抓住时机，保证蜂群越冬后能尽快地恢复发展，迅速培养成为强群，有利于充分利用蜜源。

春季蜂群要想组织成功的春繁，首先是依靠产卵力强盛的蜂王。此外还须具备下列条件：适当的群势；充足的粉、蜜饲料；数量充足的供蜂王产卵的巢脾；良好的保温和防湿条件；无病虫害等。

（1）蜂王产卵前的工作 此期间关键是检查并调整好群势，坚持做到强群开繁，更换好消毒后的蜂箱，彻底防治蜂螨。

1）促蜂排泄并观察出巢蜜蜂的表现。越冬后的蜜蜂，在早春暖和的晴天，会出巢排泄腹中积粪，在蜂箱和蜂场上空绕飞。越冬顺利的蜂群，飞翔特别有劲。蜂群越强，飞出的蜜蜂越多。如果出现以下情况要及时处理：肚子膨大，肿胀，趴在巢门前排粪，甚至蜂箱内壁和箱底都有粪便，表明越冬饲料不良或受潮湿的影响，要及时撤出饲料，全部更换优质饲料。有的蜂群，出箱迟缓，飞翔蜂少，而且飞得无精打采，表明群势弱，蜂数较少，要及时合并蜂群，保证3足框蜂开繁。个别群出现工蜂在巢门前乱爬，秩序混乱，说明已经失王，群势强，储备有王的话，及时诱王，没王的话与弱群合并（可分别并入多个蜂群，注意蜂群的健康状况；如出现工蜂产卵，要特殊处理）。如果从巢门拖出大量蜡屑，有受鼠害之疑，应马上开箱检查，清除老鼠，堵严蜂箱，并仔细检查蜂王及饲料情况，出现问题及时处理。

2）速查补救。箱外观察急救后，应对蜂场全部蜂群依次进行快速检查，不必检查全部巢脾。检查项目为：蜜蜂的脾数；现存饲料的多少，并做出"多""少""够""缺"等符号；有无蜂王；巢内潮湿与否、有无露点和下痢的迹象。如储脾箱内备有蜜脾，可在检查时顺便调给急需的蜂群，同时将空脾撤出来。发现问题当时不需急救，把情况记下而继续检查其他蜂群，待快速查明蜂场全部情况后，对需要急救的蜂群集中处理。

3）更换消毒好的蜂箱。越冬后箱底会堆积很多发霉的死蜂和残蜡，产生恶臭，极易发生传染病害。更换消毒过的蜂箱，让蜂群在清洁的环境中进入繁殖期。此工作要选择晴好天气进行，并且动作要快，可与其他后面的紧脾、放王同时进行。

4）适时治螨。早春没有封盖幼虫，一定要彻底防治蜂螨。治螨前1天一定要适当饲喂糖浆，其作用有三：一是工蜂食用糖浆后兴奋，可提高巢温，使半蛰伏的越冬蜂群转变为活动状态，蜂团散开，工蜂蜂体扩张，这可以减少喷（药）雾的死角，提高治螨效果；二是工蜂吃饱糖浆后提高了抗药能力，可以降低螨药对蜂群的危害程度；三是同时起到促使蜂群出巢飞翔排泄的作用，不用专门为蜂群安排排泄时间。需要注意的是：治螨应在气温在8℃以上无风的晴天进行；饲喂的糖浆量要足，这样才能获得预期的效果。

（2）蜂王产卵开始后到幼虫封盖前的工作　此期间关键是促使蜂王产卵，如果前几天没有治好蜂螨，在幼虫没有封盖前，一定要彻底防治蜂螨，同时在饲料里添加药物预防幼虫病。

1）适当紧脾、适时放王。紧脾密集群势应紧到隔板外侧铺满一层蜂即可。紧脾时须注意该蜂群越冬蜂的适龄与否，确定紧脾的程度，如果该蜂群越冬蜂适龄，其隔板外所附的蜂基本铺满即可，等新蜂陆续出房后能接替老蜂，更替期群势不会下降太多，隔板外始终有附蜂，而只是短期稍微变稀一点，不影响春繁；如果该蜂群越冬蜂过老，隔板外的蜂则应该多一些为好，否则更替期新蜂出房后接替不上，会影响春繁。

紧脾时切忌过于缩紧蜂巢。若强群放单脾时，往往是坏处大于好处。当外界中午时段气温升高，强群单脾蜂群大量无巢可护的工蜂出外无效飞翔，很多工蜂在傍晚气温降低时不能回巢而冻死在外面。并且，强群单脾的蜂群，其大量的飞翔蜂给其他弱群造成威胁，容易突破弱群的防线而引起盗蜂。

放王在气温适宜时可与紧脾同时进行。但如果计划放王时间已到，但紧脾因气温低而无法进行时，也可先放王，后紧脾。另外，先放王后紧脾的蜂群，要有意识地将适宜蜂王产卵的巢脾放在适当的位置供蜂王产卵，不适宜蜂王产卵的巢脾放在边上。

2）加强保温。早春繁殖期间，保温工作十分重要，主要是箱外和箱内的保温。

① 箱外保温：在箱底铺一层塑料布，然后铺 10 厘米厚的稻草，将蜂箱排放在稻草上，8～10 箱为一组，箱与箱之间留 10 厘米空隙，用稻草塞满，将预备的塑料布从箱后向前盖上，盖到箱前 40 厘米处着地。白天将塑料布（也可以买专用的繁蜂设备）掀起（雨、雪天除外），晚上再盖好，箱前和两侧用砖块压住，防止晚上被大风刮开，这样可以有效地抵御夜间的寒风。

② 箱内保温：在两侧隔板外加一些扎紧的小稻草把，但是巢内必须留有一定的空间，作为巢内过热时蜜蜂的栖息空间，纱盖上加盖小草帘或棉垫。当气温较高的晴天，应晒箱并翻晒保温物，因为潮湿的箱体或保温物都不利于保温。

保温工作要持续较长的时间，但随着蜂群的壮大，气温逐渐升高，就要慎重稳妥地逐渐撤除包装和保温物。

3）奖励饲喂促进蜂王产卵。当蜂王开始产卵，尽管外界有一定蜜、粉源植物开花流蜜，也应当每天用稀糖浆（糖和水比为1∶3）在傍晚喂蜂，刺激蜂王产卵，糖浆中可加入少量食盐，适

量的抗生素和磺胺类药物，预防幼虫病发生。

4）适当补助饲喂。

①饲喂糖浆：饲喂糖浆既能满足蜂群需要而不挤占产卵巢房，饲入的数量视群势情况，以能满足蜂群在饲喂糖浆的间隔期内所消耗的量为准，可隔天饲喂，也可每天饲喂，遇到雨天照样饲喂。饲喂糖浆的标准是：蜂脾上梁发白，并造有赘脾。

②饲喂花粉：当蜂群内无花粉时，在放王前3天即应开始饲喂花粉。据观察，与放王同步饲喂花粉则稍迟，培育的第一批蛹脾会出现花子，但放王前3天饲喂花粉的蜂群则蛹脾整齐，无插花子现象。

饲喂花粉时采用花粉饼或花粉条饲喂效果较好。一是操作简单；二是可视性强，除掉副盖后即可以看到尼龙布内的花粉消耗情况；三是饲喂花粉时不扰蜂，温度低也可以操作。但饲喂花粉饼要注意，饲喂时不在量多，而主要是要与工蜂的接触面积大，不脱节，这样效果就好，丝毫不比灌脾差。

⚠ **【注意】** 春繁期，始终做到蜂群内不缺饲料但又不压子。

5）箱内喂水。早春，哺育蜂为了哺育幼虫，不得不外出采水，而一飞出巢门就容易被冻僵致死。因此，必须用巢门饲喂器在巢门喂0.1%～0.2%的食盐水，如果没有巢门饲喂器，可以到医疗站拿些用过的注射小瓶（容量100克），洗净后装入温热的淡盐水，用脱脂棉或其他东西虚塞，以能够渗出少量0.1%～0.2%盐水为宜，第一次可以在瓶口抹些蜂蜜引诱工蜂来采，以后每隔7～10天换水。如果遇连续的阴雨天，既无饲喂器又无箱内喂水，也可以用1块海绵放在巢门上，浇30℃左右的温水。

（3）幼虫封盖前到早春蜜源结束前的工作 春天，南方的油菜等主要蜜源正是大量开花的时候，此期间注意不能"蜜压子"，也不能缺饲料缺水；注意保温工作；此时老蜂与幼蜂处于交替时期，注意更新过渡时期蜂群内部蜜蜂的数量变化及护巢脾情况，及时强弱互补；后期随之子脾的面积加大、温度的升高，蜂路要随之改变；同时气温逐渐升高，蜂群增大，慎重稳妥地逐渐撤除包装和保温物。

1）适当开箱检查掌握蜂群内部情况，为后面的工作定时间。蜂群繁殖期，必要的开箱检查不可少，但应尽量避免无谓的开箱。除在箱外观察蜂群的活动情况外，开箱检查是了解蜂群内部情况的必要手段，开繁初期开箱可以少些，只要估计群内不缺饲料，一星期不开箱也属正常；但当群内有大量幼虫时则应经常移开大盖和副盖检查花粉消耗情况，因为有尼龙布挡着，不会对蜂群内部环境产生负面影响。在进入增殖期后，开箱检查的次数视蜂群情况应适当增加，如蜂王产卵情况，巢脾位置的变换、子脾掉头、割蜜脾扩卵圈，检查群内储蜜情况等，都是日常管理中需要检查的事情，开箱太少有时会延误时机，开箱太勤会对蜂群带来负面影响，所以，开箱前要事先确定目标，有计划地开箱检查和处理，事后做好记录，自觉无事时应尽量少开箱检查。

2）割蜜盖。春季蜂王产卵一般在巢脾前部，子圈靠近蜂箱前部，而巢脾的后部是封盖蜜，可用割蜜刀把蜜脾的后部靠下部分，分几次由里向外割去蜜盖，使蜜蜂将储蜜移走。这样，既起到奖励饲喂的作用，又达到扩大产卵圈的目的。

3）子脾掉头。蜂群子脾的面积已占巢脾一大半时，可以把巢脾每隔一个掉头，使相邻两脾的子脾部分对着蜜房，蜜蜂会很快将蜜移走，扩大产卵圈。

4）适时加脾。在蜂多于脾的蜂群，当子脾上有 2/3 封盖时，加第 1 框脾；强群在子脾面积达巢脾总面积的 70%~80% 时加脾；弱群则在新蜂大量出房时加脾。加第 2、3 脾时，要在天气正常、蜜源初花、蜂脾相当、蜂王健产、子脾占 70% 以上、温度不断上升、饲料充足的条件下进行，否则可缓加脾。加脾应选择有蜜有粉的平整巢脾，用快刀削平 1~2 厘米，便于蜂王产卵。

5）强弱互补，共同增强。早春气温低，弱群因保温和哺育能力差，产卵圈的扩大很有限，宜将弱群的卵、幼虫脾抽给强群哺育，再给弱群补入空脾，供蜂王继续产卵。这样，既能发挥弱群蜂王的产卵力，也能充分利用强群的保温能力。待强群幼蜂羽化出房，群内蜜蜂密集时，可抽老封盖子脾或幼蜂多的脾，补入弱群，使弱群转弱为强。

62 怎样组织采集群？

只有 15 日龄以上的工蜂才外出采集花蜜和花粉，因此，在大流蜜前 40~45 天开始，到流蜜期结束前的 1 个月之内培育的工蜂才是适龄采集蜂。同时在流蜜季节时生产群应有 15~20 框蜂才是一个强的采集群。因此在流蜜季节到来前要对生产群进行一次全面检查。如果距离开始流蜜还有 1 个月，可从辅助群里提出虫、卵脾补给采蜜群，半月之后，幼蜂羽化出房，到采蜜期便可投入采集。调补子脾应分期分批进行，做到群内采集蜂和哺育蜂的比例相称。如果距离开始流蜜只有半个月，就应该从辅助群里抽调封盖子脾到采蜜群，5~6 天就可以羽化出房。如果流蜜期即将开始，抽封盖子脾补给采蜜期都为时已晚，可先将辅助群的蜂箱向采蜜群靠拢，流蜜期开始，再把辅助群的蜂箱搬走，让外勤蜂进入采蜜群，加强采集力。同时，抽主群的卵虫脾给副群，减轻主群的哺育工作，充分利用副群的哺育力，实现取蜜繁殖双丰收。

在大流蜜到来之际，如果蜂群本身很强壮，已加继箱，花期不超过一个月，只需调整蜂巢，把子脾调入巢箱，限制繁殖，继箱为空脾，储蜜即可。如花期超过 1 个月以上，采蜜的同时，还要定期给巢箱调入空脾，兼顾繁殖后期采集蜂。

63 流蜜期蜂群的管理要点是什么？

流蜜期是养蜂生产的黄金季节，蜂群流蜜期的管理好坏直接影响着蜂蜜及王浆等蜂产品的产量和质量。如何利用蜂群在蜜源植物的流蜜期大量采集和储存食物的生物学特性，组织强群采集，是养蜂生产成败的关键。

（1）流蜜期前的管理　重点是培育适龄采集蜂、组织采蜜群、造新脾等。

1）培育适龄蜂。蜜蜂中工蜂是采蜜者，工蜂从卵的孵化到成蜂出房一般要经历21天时间，同时只有15日龄以上的工蜂才外出采集花蜜和花粉。因此，在大流蜜前40～45天开始，到流蜜期结束前的1个月之内要抓紧做好适龄蜂群的培育工作。管理上应采取有利于蜂王产卵和提高蜂群哺育率的措施，如调整蜂脾关系、适时加脾、奖励饲喂、治螨防病等。如果蜂群基础较差，应组织双王群，提高蜂群发展的速度。

2）组织采集群。按照第62问所述的方法组织采集群，加强采集力。必要时，也可以将辅助群合并入强群。

3）多造脾。在主要采蜜期前，必须利用辅助蜜源流和蜂群里积累的大量的幼蜂，为每群造好10～15个巢脾，以供繁殖、储蜜之用。这样不仅增加蜂蜡生产，而且还可以减少分蜂热，促进蜂王多产卵。

（2）流蜜期的管理　在主要流蜜期里，蜂群管理的工作是消除分蜂热、加大储蜜空间、提高采集能力和酿蜜强度。

1）消除分蜂热。主要蜜源开始流蜜时，有的蜂群过于强大易产生分蜂热，应及时消除分蜂热，保持工蜂处于积极工作的状态。

2）扩大蜂巢。在主要流蜜期扩大蜂巢，就是给蜂群增加储蜜空间，保证蜂群能及时酿蜜和储蜜，这是高产的关键措施。根据进蜜情况适时加脾，1群蜂每天进蜜1.5～2千克，一个继箱便够使用6～8天，蜜即可以成熟。如果每群一天进蜜2.5～3千克，1个继箱只够使用4天，应接着加第2个继箱。如果每群每天进蜜5千克，1个继箱只能使用1天多，应1次加2～3个继箱。新加继箱通常加在巢箱上面。

3）加强通风。酿造蜂蜜时，蜂群要蒸发大量水分。因此在大流蜜期间应扩大巢门，揭开覆布，打开通风窗，放开蜂路。

4）适时取蜜。当蜜脾上部70%封盖时，即可取蜜。取蜜时间最好安排在清早。取蜜要慎重，前期和大流蜜期可以全部取，后期应抽取，如果天气变化大，也应该抽取。

5）根据流蜜期长短控制蜂王。半月以下的短花期则应关王取蜜。流蜜期20多天的则应限制蜂王产卵。流蜜期为1个月以上的，或长途转运、连续追花夺蜜的，则应尽力为蜂王创造产卵条件，或从副群补脾给采集群来维持蜂群的群势。

64 分蜂期蜂群的管理要点是什么？

气候闷热、蜜源充足、过度拥挤、通风不良、群强王老等都能引起分蜂。分蜂期蜂群管理的重点是预防和控制分蜂热。

（1）分蜂热的征兆 蜜蜂繁殖时期，大批幼蜂相继出房；巢脾上空房少，无处储蜜和产卵；工蜂采集积极性骤然下降，出勤工蜂大大减少，呈怠工状态，许多工蜂待在家门口和箱壁两侧结成"蜂胡子"；巢内雄蜂羽化出房；蜂王腹部收缩，产卵量大减，甚至停产；王浆框上吐浆工蜂稀少，蜂王浆产量骤降；巢内出现自然王台等，即是即将出现自然分蜂的征兆。

（2）控制自然分蜂的方法 控制分蜂热应从管理入手，尽量给蜂王创造多产卵的空间，增加和调动哺育蜂的工作负担及育虫的积极性。

1）改善巢内环境。当外界气候稳定、蜂群群势较强时，要及时扩大蜂巢、通风降温。具体措施为：蜂群放在通风处，蜂群遮阴，适时加脾，增加继箱，加大巢门，扩大蜂路，并要及时采取喂水、蜂箱周围喷水等降温措施。

2）分流幼蜂。流蜜季节，如果已经出现自然王台，提出有王台和雄蜂较多的巢脾，割去雄蜂房房盖，杀死幼虫，放入未出现自然分蜂热的群内去修补。等到中午幼蜂出巢试飞时，迅速将蜂箱移开，在原箱位置放一个弱群，等幼蜂飞入弱群后，再将各箱移回原位，既增强了弱群的群势，也消除了强群的分蜂热。

3）抽调出封盖子脾。当蜂群发展到一定的群势（西蜂 12 脾，中蜂 8 脾以上）、封盖子脾达到 5~6 脾时，不等发生分蜂热，就分批每次抽调 1~2 脾封盖子脾，连同幼蜂一起加入弱群，或人工分群，同时加空脾，供蜂王产卵。

4）生产蜂王浆。当蜂群内幼蜂积累较多时，应不断地加入王浆框，生产蜂王浆。这样既可以充分利用工蜂的哺育能力生产王浆，又可以控制分蜂热。

5）多造新脾。凡是陈旧、雄蜂房多的及不整齐的劣脾，都应及早剔除，以免占据蜂巢的有效产卵圈。同时可以利用工蜂的泌蜡能力，积极地加础造脾、扩大卵圈，加重蜂群的工作负担，从而控制分蜂热。

6）勤割雄蜂房。除选为种用父群外，平时工作中应尽量将群内的雄蜂房割除，放入未产生分蜂热的蜂群内去修补。

7）毁掉自然王台。平时工作中应尽量将群内的自然王台割除。但应注意的是毁台只是应急、临时延缓的手段，不能从根本上解决问题。在毁台的同时，还应该采取相应的措施彻底解除分蜂热。如果一味地毁台抑制分蜂，则蜂群的分蜂热会越来越强，最后导致蜂群建台并逼迫蜂王在台中产卵，反而开始分蜂。

8）早取蜜。当蜜压子圈时，应及时摇取蜂蜜，扩大蜂王产卵圈，增加工蜂的哺育工作量。如果蜂群产生分蜂情绪时正接近流蜜期，就提前摇出该群的蜂蜜，即清脾。蜂群内的存蜜已被摇尽，而外界已有蜜源开始少量流蜜，蜜蜂为了生存，只得外出采集，不久外界蜜源大流蜜，蜜蜂便会忙于采蜜酿蜜，分蜂意念自然被解除。

9）模拟分蜂。流蜜期前，如果个别蜂群产生较为严重的分蜂热，可进行一次模拟分蜂。具体做法是：先把子脾提到没有发生分蜂热的蜂群中去，再加入巢础框或空脾，把工蜂和蜂王抖在巢门前，让它们自己爬入箱内。

10）抽蛹脾，加虫、卵脾。将产生分蜂热的蜂群内的封盖蛹与弱群里的虫、卵脾进行交换，增加工蜂的哺育工作量，也可以

迅速将弱群补强。

11）捕回分蜂群的处理。流蜜刚开始，由于管理不善，有的蜂群已发生自然分蜂，飞出到蜂场附近结团，应及时捕回。方法是：把原群搬开，箱内放 1~2 个蜜粉脾和 1~2 张子脾，诱入一个成熟王台（也可以是处女王或新蜂王）组成新群。收回的蜂团放入一个空箱内，箱内补 1~2 张幼虫脾或一个巢础框架，又另组成一群。

12）选育良种，早换王。应采用人工育王的方法，选择场内分蜂性弱，能维持强群的蜂群作为父、母群，培育良种蜂王，及时换去老劣蜂王。新蜂王释放的"蜂王物质"多，控制分蜂能力强。同时，新王群的卵虫多，这既能加快蜂群的增长速度，又增加了蜂群的哺育负担。因此，每年至少应换一次蜂王，常年保持群内是新王，便能维持大群，控制分蜂热。

13）增加继箱。流蜜期可根据需要增加数个继箱储蜜，这样组织管理的蜂群巢内空间大，蜂王产卵和工蜂储蜜的位置充足，蜂群内只有一只蜂王，蜂群就很少产生分蜂热。也可以采用上空继箱的方法来缓解分蜂热。

65 夏季怎样管理蜂群？

夏季管理是指热带、亚热带等地夏秋季缺乏蜜粉源时期的蜂群饲养管理措施。这些地区的这个时期，没有什么蜜粉源，昼夜温度高达 30℃ 以上，蜜蜂难以维持巢内适宜的温湿度，导致蜂王产卵停止，蜜蜂寿命减短，敌害增多，蜂群迅速削弱。我国北方地区，虽有短暂高温时节，但由于蜜源充足，此时却是养蜂生产繁忙的时候。可以说，越夏难主要是缺乏蜜源引起的，其次是高温。因此，夏季管理的任务是改善蜂群周围小气候环境，尽量避免对蜂群的干扰，保持粉蜜充足，为秋季蜂群群势恢复和发展打下基础。

（1）越夏前的准备工作 夏季来临前，应利用春季蜜源更换老劣王，留足充足的饲料，并调整群势（中蜂 3~5 框，西蜂 8~

10框），因群势越强，消耗越大，不利于越夏。

（2）越夏期的管理要点

1）遮阳防晒。炎热季节，把蜂群放在高大的树荫下，或者使用绿色蜂棚，防止太阳直射。

2）洒水降温。晴天的正午前后，在蜂箱壁上或者蜂箱周围进行洒水降温。

3）加强通风。设置高度在50～100厘米的高箱架，把蜂箱放在箱架上，既可以减少敌害和雨水侵入巢内，又可以避免热气上蒸。同时，打开箱盖气窗，掀起覆布的一角，开大巢门，促进空气流通。

4）防除敌害。积极捕杀、诱杀胡蜂。多蟾蜍的地方，可以每晚往巢门前放置铁纱罩，预防蟾蜍在夜间捕食蜜蜂。如果有蚂蚁危害，可在箱架四周铺细砂，架子腿涂灭蚁剂。同时，要防治美洲幼虫腐臭病、囊状幼虫病、蜡螟等。夏末，子脾很少，要在蜂王恢复产卵、子脾封盖前抓紧治螨。

5）减少干扰。平时以箱外观察为主，定期全面检查，10～15天1次，这样可减少蜂群活动，延长其寿命，同时预防盗蜂的发生。

6）生产蜂王浆。对有少量蜜粉源的地区，应该组建10框以下的强群，实行人工补喂、奖励饲喂等手段，坚持蜂王浆生产。

66 秋季怎样管理蜂群？

蜂群秋季管理的主要目的就是利用一年中最后一个花期培育适龄越冬蜂，壮大群势，更换老劣蜂王，防治病虫害，做到蜂群强、饲料足和蜂王好，并在管理中要注意预防盗蜂的发生，以及做好避风、保温、通风、防潮等工作。我国各地秋季管理的时期有一定的差异，是蜜蜂活动的最后一个时期，蜂群越冬的群势和饲料取决于此时期的管理，所以对养蜂生产来说"一年之计在于秋"说的就是秋季管理的重要性。

（1）培育越冬适龄蜂 在秋末羽化出房，经过排泄飞翔，但尚未参与采集活动的工蜂，既保持了生理青春，又能忍受越冬时长期困在巢内，称为越冬适龄蜂。本阶段的工作重心已由蜂群强盛阶段的以生产为主转移到以繁殖为主。为了培育数量多、质量好的越冬蜂，在管理上必须采取如下措施。

1）选择场地。选择一个周围有充足的蜜粉源，并且放蜂密度不大的场地来作为秋繁场地。如果没有蜜源，一定要有充足的粉源，否则不能放蜂。摆放蜂群的场地，要求地势高燥、避风、向阳。

2）治螨。在培育越冬蜂时期，如果蜂群内有蜂螨，这些蜂螨就会潜伏在封盖子巢房内繁殖，轻则使越冬蜂寿命缩短，重则出现脱子现象。所以在培育越冬蜂之前一定要治螨。由于此时群内有子脾，治螨必须选择长效药物，进行多次治螨或分巢治螨。

3）更换老劣蜂王。在培育越冬蜂之前，要将蜂场内需要更换的老劣蜂王全部换成新王。这样一方面可以保证用新王培育越冬适龄蜂，另一方面可以保证第2年春繁时有优质蜂王。

4）调整蜂巢。在组织蜂群培育越冬适龄蜂时，要求平箱群群势达到箱满，不符合要求的蜂群要进行合并。继箱群适合产卵的子脾和蜜粉保持蜂脾要相称。

5）保证群内饲料充足。在秋季繁殖阶段，如果外界蜜粉源充足，蜂群进蜜比较快，必要时可取蜜。如果蜜粉不足，要及时进行补助饲喂，保证群内饲料充足。

6）幽王断子。在培育越冬蜂的后期，气温下降，根据情况可将蜂王幽闭起来，使蜂群断子。蜂群断子后新出房的越冬蜂不参与哺育，保持其生命活力。同时为后期饲喂越冬饲料和治螨创造了有利条件。

（2）饲喂越冬饲料　只有靠充足优质的饲料蜂群才能安全越冬。当培育越冬蜂阶段基本结束时，天气变冷，此时应检查蜂群内的饲料情况。如果蜂蜜不足则应进行补喂，如果巢内所存蜂蜜不适合作为越冬饲料，须将蜜脾提出，留做明年春繁时用。

1）调整蜂群。在饲喂越冬饲料之前，要调整蜂群。将多余的巢脾全部抽出，按越冬所需巢脾数量留脾，如果留脾较多，饲喂越冬饲料时，饲料会分散到多张巢脾上，不利于蜂群越冬。

2）准备饲料糖。饲喂蜂群的越冬饲料必须要用优质白糖，不能用来路不明的蜂蜜和次品糖。饲料糖的量，按每群 15 千克准备。

3）饲喂糖浆。将备好的白糖按 1.0 千克白糖加 0.7 千克水的比例用文火化开，并晾凉。天黑以后，当蜜蜂全部进巢不再飞行时，将糖浆注入饲喂器，强群可直接加满，弱群可加至 2/3。第 2 天检查蜂群，观察饲料使用情况，如果基本吃完，可继续饲喂，如大部分饲料没吃完，再饲喂时要减少饲喂量。饲喂前，要将蜂箱缝隙堵严，缩小巢门，以防盗蜂。饲喂过程中要连续大量饲喂，不能让蜂王有产卵的机会。连续喂 3～4 次，视情况可停 1～2 天，然后再连续饲喂。当蜂群中的巢脾全部装满糖浆时，即可停止饲喂。

（3）彻底治螨　喂完越冬饲料检查蜂群时即可治螨。此次治螨非常关键，直接关系到第 2 年的养蜂生产，此时蜂群内无子脾，蜂螨全部暴露，可与药物直接接触。治螨时要选择晴暖、蜜蜂能飞翔的天气，隔天 1 次，连治 2～3 次，即可收到很好效果。

67 冬季怎样管理蜂群?

蜂群进入越冬期人后，并不等于一年养蜂工作的结束，相反，要安全越冬必须依靠正确的管理。有经验的养蜂员都知道："养蜂一年四季冬最闲，危险季节在冬天"。越冬蜂的管理概括起来，就是"蜂强蜜足，加强保温，向阳背风，空气流通"16 个字，也是蜂群安全越冬的基本条件。

（1）越冬前的准备　蜂群进入越冬期，首先应做好下列准备工作。

1）越冬场地的选择。蜂群越冬的场地，应选择背阴向阳、容易转移、干燥、安静的地方。

2）调整蜂群。对蜂群进行 1 次全面检查，抽出多余的空脾，撤除继箱，只保留巢箱。如果蜂群太弱，可将巢箱中央加上死隔

板，分隔两室，每一室放一弱群，不仅可以储备蜂王，同时还具有省饲料，抗寒力强，春季恢复快，死蜂少，冬季安全等特点。强群也应做到蜂多于脾。并且要合理布置越冬蜂巢，具体措施为：中间放半蜜脾，两边放整蜜脾；若为整蜜脾，应加大蜂路，并且边脾的糖脾面积要大。

3）囚王断子、彻底治螨及换脾消毒。由于南方冬季外界也有零星蜜源，且晴天中午温度较高。因此，蜂王仍产少量的卵，可用囚王笼关住蜂王大约15天，让其彻底断子，再进行彻底治螨和巢脾的消毒。

4）喂足饲料。越冬饲料应充足，质量优良，蜜汁成熟封盖。如果不足可将优质蜂蜜或浓度较高的白糖浆（糖与水之比为10∶7）灌在空脾上，每天应饲喂一定数量的蜂蜜或糖浆，让蜂群内有充足的越冬饲料，安全度过越冬期。

（2）越冬保温工作 越冬蜂群应放在背阴地，巢门向东或北，加强通风降温，促使蜂群早团结。但遇到大幅度降温天气（0℃以下），应给弱群加保温物。具体保温方法为：

1）箱内保温。将紧缩后的蜂脾放在蜂巢中央，两侧夹以保温板。两侧隔板之外，用干稻草扎成小把，填满空间。盖好覆布，盖上副盖，盖上草帘或棉絮，缩小巢门即可。

2）箱外包装越冬。可分为单群包装和联合包装两种形式。

① 单群包装是做好箱内保温后，在箱盖上面纵向先用一块草帘，把前后壁围起，横向再用一块草帘，沿两侧壁包到箱底，留出巢门，然后加塑料薄膜包扎防雨和雪。

② 联合包装是先在地上铺好砖头或石块，垫上一层较厚的稻草，然后再将带蜂的、经过内保温的蜂箱排在稻草上面，每4~6群为一组，各箱间隙也填上稻草把，前后左右都用草帘围起来。缩小巢门，然后用塑料薄膜遮盖防雨和雪。

（3）越冬管理 做好保温工作之后，无特殊情况千万不要开箱检查，以箱外观察为主。

1）若巢前有碎蜂、乱草末和碎蜡屑，表明有鼠害，应检查处理。

2）若巢门前挂霜流水，表明湿度大，要加强通风。

3）若巢门前有稀粪，表明蜂下痢，要进行低温处理。

4）若在箱底和巢门外发现大批死蜂，舌头伸到外面，未死的也行动无力，说明缺蜜饥饿，要立即用温蜜水喷到蜜蜂身上。饿僵在2天以内的，还可救活，救活之后，要补给温暖的蜜脾。

5）若发现部分工蜂出巢扇风，说明巢内闷热，应加大巢门，或短时撤去封盖上保温物，加强通风。

——第七章——
中蜂的特殊饲养管理

68 中蜂的特殊生物学习性有哪些?

(1) 群势小　由于中蜂蜂王的日平均产卵量较低,约为意蜂的一半,蜂群的群势较小。

(2) 个体小　中蜂的 3 型蜂其个体长度都比相应的意蜂小。中蜂蜂王体长为 13~16 毫米,意蜂蜂王为 16~17 毫米;中蜂工蜂体长为 10~13 毫米,意蜂工蜂为 12~13 毫米;中蜂雄蜂体长为 11~13 毫米,意蜂雄蜂为 14~16 毫米。

(3) 擅于利用零星蜜源　中蜂具有嗅觉灵敏、飞行敏捷和可采低浓度花蜜的特点,有利于发现和利用零星蜜源。

(4) 擅于躲避胡蜂的危害　中蜂飞行灵活敏捷,擅于避过胡蜂和其他敌害的追捕,有利于利用山区蜜粉源。

(5) 不采胶　中蜂没有采集树胶的习性。中蜂营造巢脾,粘固框耳,填补箱缝隙都完全用自身分泌的纯蜡,因此,中蜂巢脾熔化提取的蜂蜡颜色洁白。

(6) 怕震动易离脾　蜂群受到轻微震动后,工蜂即会离开子脾偏集于巢脾的上端及旁边,若受到激烈震动就会离开巢脾往箱角集结,甚至涌出巢门。

(7) 易逃群　中蜂对自然环境极为敏感,一旦原巢的环境不适宜生存时就会发生迁徙,另寻适当巢穴营巢。

(8) 分蜂性强　中蜂好分蜂,难于维持强群。

（9）盗性强　中蜂嗅觉灵敏，容易察觉其他蜂箱散发出的蜜味，在蜜源缺乏的时候，特别容易发生盗蜂。

（10）蜂群失蜂王后易出现工蜂产卵　当中蜂群失去蜂王，群内又没有可供改育成蜂王的工蜂小幼虫或卵时，失王蜂群中少数工蜂 2～3 天后卵巢就会发育，出现工蜂产卵的现象。

（11）造脾迅速　中蜂造脾快而整齐，一般情况下只要 1～2 天便可造成 1 张巢脾。

（12）中蜂好咬旧脾、喜新脾　中蜂喜爱新脾，一旦巢脾比较陈旧，就将其咬掉，然后再在原位筑造新脾。同时中蜂蜂王喜欢在新脾上产卵，常常脾上巢房筑造到 1/2 深度时蜂王就开始在其中产卵。

（13）中蜂抗寒性强　中蜂在气温 9℃下时就能安全采集，而意蜂要在 14℃ 以上时才能正常出外采集。

（14）认巢能力差、易错投　由于中蜂认巢能力差，易错投，所以排列蜂群时宜稀不宜密，同时应该利用地形地势，并且蜂群之间留适当间隔。也可以在蜂箱或蜂箱前壁涂上不同颜色，在蜂箱前壁设计不同图案供蜜蜂辨认。

69 怎样收捕野生中蜂？

在蜂群喜欢营巢的地方放置一个空的老蜂箱，让蜜蜂自动飞往。空的老蜂箱应该放置在四周有丰富的蜜源、粉源和水源，坐北朝南的山腰岩洞下，并且日晒不到、雨淋不到、避风向阳的地方。平常检查是否有蜂群飞入，特别是在分蜂季节，一旦蜂群飞入即可搬回饲养。

如果在岩洞、树洞中发现野生中蜂，可将洞口撬开后，观察脾的位置和方向，选择脾多的一端下手，将蜜蜂用烟驱赶到收蜂笼结团，然后逐脾喷烟，驱散脾上剩下的蜜蜂，割下巢脾与蜂团一并带回家养。如果洞口没法被凿大或撬开，可以只留一个进出口，其余出口用泥土全部封严，然后用装有樟脑、硫黄粉的软管插进蜂巢。吹软管，粉就会很均匀地散开在蜂巢上。马上抽出软

第七章　中蜂的特殊饲养管理

管，立即在洞口接一根空心玻璃管，洞管连接处要严密，管口一头通入蜂箱。蜜蜂受到樟脑、硫黄粉气味的驱赶，就会通过空心管进入蜂箱内，直到蜜蜂完全涌出为止，即可搬回饲养。如果蜜蜂出来较慢，一定要看到蜂王出来后，才可将蜂群搬回饲养。

在野生蜂收捕过程中，应尽量保护好原巢穴，并留下一些蜡痕，然后用石块、树皮、木片、黏土等将其修复成原状，留下人眼大小的巢门，以便今后分蜂群前来投居。

70 怎样收捕中蜂蜂团？

中蜂在自然分蜂或全群飞逃时，会出现2次迁飞，第1次会迁飞到蜂场周围的树枝上或屋檐下临时结成一个大的蜂团，待侦察蜂找到新巢后，便进行第2次迁飞，全群远飞而去，没法收捕。因此，在蜂群再次起飞前一定要收捕回蜂团。

收捕蜂团一般使用收蜂笼，根据蜜蜂向上的习性在蜂团上方进行收捕。蜂笼里可以绑上一小块巢脾（或抹点蜂蜜）。收捕时，将蜂笼罩于蜂团上方，避免晃动和抖动。用蜂帚、蒿草或带叶的树枝，从蜂团下部轻轻扫动蜜蜂，催蜂进笼，开始时动作要慢，有一部分蜜蜂进入收蜂笼开始便可以加快驱赶速度。待蜂团全部进笼后，再抖入准备好的蜂箱内。如果蜂团结得较高，人无法接近时，可用长竿将蜂笼挂起，靠在蜂团的上方，待蜂团入笼后，既轻又稳地放下蜂笼。如果蜂团结在小树枝上，可轻轻锯断树枝，直接抖入箱内。

蜂群普遍受到生存威胁时，有时会发生多群同时飞逃，经混飞后一起结团的现象。这时容易发生围王，先要救出蜂王，然后及早将蜂团分割后，分别将蜂王放入各群内。

收捕的蜂团一般不要放回原群，最好移到较远的几千米以外，从其他蜂群中提1~2脾子脾到收捕蜂群中，重新组成新巢。第2天，如果蜜蜂出入正常，工蜂采粉归巢，说明已经安定下来。过2~3天后，再检查，调整巢脾，每晚饲喂2~3次，使蜂群安定，早日造脾产卵。

71 如何看待中蜂传统饲养？

中蜂传统饲养是指把蜂群饲养在墙洞、树桶等容器内，摆放在固定的位置，适当管理，在储蜜较多时，烟熏驱蜂、毁巢取蜜的饲养方式。

（1）传统饲养的优点

1）蜂群根据外界环境自由发展，对蜂群的人工干扰小。

2）蜂群抵抗外界环境变化能力强。

3）人工花费少。

4）越冬能力强。

（2）传统饲养的缺点

1）巢脾不能移动，不便检查，无法有针对性地管理。

2）转地放蜂时，固定巢脾操作起来没有活框饲养容易。

3）取蜜时只能毁巢取蜜，并且生产的蜂蜜质量不高。

4）只能生产蜂蜜，不能生产其他蜂产品。

5）无法进行病虫害的防治，易滋生巢虫。

6）蜂箱空间无法变化，不利于保温、散热，影响繁殖和采蜜。

（3）传统饲养的方法

传统饲养对蜂群的管理较少，但也要注意以下几个问题：

1）饲养容器一定要避光、无味，缝隙用牛粪糊严，巢门大小留到能让几只蜜蜂出入即可。

2）清理掉巢内的老巢脾。

3）定期打扫箱底的蜡屑，不让巢虫在箱底滋生。

4）取蜜时要轮换割巢取蜜，即这次割蜂巢的这一边，那么下次就割上次余下的巢脾。

72 怎样活框饲养中蜂？

中蜂只有采用活框蜂箱，才可以运用科学饲养技术，提高其繁殖率和蜂产品产量。但中蜂活框饲养是一项技术性很强的工

作，不是随随便便就能养好的，需要我们在对中蜂全面了解的基础上，采用科学的管理方法，才能养好中蜂，取得好的经济效益。

（1）中蜂活框饲养的注意事项

1）饲养管理技术过硬。先了解中蜂的生物学特性，并向当地活框饲养技术熟练的老师傅请教，再一步一步亲自操作，直到掌握整个中蜂生产的过程，做到心中有数后，再过箱饲养。决不能在对中蜂一无所知的情况下就过箱饲养。即使是饲养过西蜂的饲养者也不要盲目过箱，因为中、西蜂的生物习性不同，一味地按照西蜂的饲养管理模式去做，最终也会导致失败。

2）谨慎过箱。蜂群过箱一定要在蜜源、气候等自然条件都比较适宜时才进行。过箱的技术一定要熟练，最好是找饲养中蜂的师傅指导过箱。

3）加强日常饲养管理。中蜂在长期进化过程中形成了其特有的生物习性。在过箱后，既不能像传统饲养那样不闻不问，也不能像西蜂饲养那样经常检查，要根据中蜂的生活习性进行管理，如检查蜂群要根据不同的外界条件和不同时期来进行，一般只有在流蜜期和必要时才开箱进行全面检查，而且检查的次数不宜太多，其他时期，尤其是断蜜期，不要全面检查，否则就会扰乱蜂群的正常生活秩序，引起盗蜂和飞逃。但是平时工作中应注意：天冷要注意保温；天热要防止太阳暴晒；要经常消灭胡蜂；预防农药中毒；蜜粉源缺乏时应补喂饲料，保证每张脾上随时有储蜜；保持工蜂满脾。

4）勤换新蜂王。中蜂群内若有1只产卵好的新蜂王，则工蜂特别积极，采蜜量、造脾速度、产卵量都会增加，一般蜂王不超过9个月的时间就应更换。

5）防病治病。中蜂过箱后，在一定程度上改变了中蜂的生活环境，随着饲养密度的加大，蜂病的发生概率也相应增加。因此在实行活框饲养后，一定要加强蜂病的防治工作，对蜂箱、蜂机具要定期消毒，在不同的季节结合本地蜂病的发生状况，进行预防性投药，做到防重于治，防患于未然。

6）正确越冬。不同的地区要根据当地的气候条件和蜜源条件适时饲喂越冬饲料，使蜜蜂对饲料有充分的转化时间。越冬前要组织强群，小群要进行合并，蜂群群势最好在 3 框蜂以上。越冬场所要选择背风、干燥、安静的地方。做好蜂群保温，并遮蔽阳光，使蜂群安静。越冬期没有特殊原因不开箱。

（2）中蜂过箱技术　中蜂过箱技术是将原本饲养在木桶、树洞、墙洞等中的蜜蜂，转移到活框蜂箱中饲养的操作技术。

1）过箱的条件。过箱对于蜂群是一种强迫的拆巢迁居的行为过程。过箱过程中，脾、子和蜜都有一定损失，若不注意就容易飞逃。中蜂过箱要有一定的群势，蜂旺、子多，过箱后能达到 3~4 脾蜂，这样恢复群势快，成功率高。如果蜂群太弱，恢复群势慢，则过箱不容易成功。

外界必须有丰富的蜜、粉源，这样不仅不易飞逃，而且群势恢复也较快。

过箱时的适宜温度是 20℃左右，在晴朗、无风的天气下进行。春季中午过箱为宜，早春和晚秋的早晚气温偏低。夏季气候炎热，过箱应在早晚进行，也可以用红布包着电筒照亮，在夜间进行。

2）过箱前的准备。调整蜂巢位置：准备过箱的蜂群，如果在不便操作的地方，应逐日移至要放的位置，防止因移动的距离过大，造成蜜蜂混乱，误飞入其他群内，引起相互斗杀，造成损失的情况发生。

① 准备好过箱所需的工具：消毒好蜂箱和巢框；巢框用 24 号铅丝穿好；收蜂笼喷糖水；用竹子削成"∧"形小于巢房的埋线棒；用竹子削成比巢框高 1~2 毫米的竹夹，制成"∩"形，用于夹绑巢脾；绑巢脾的麻线和硬纸板；此外，喷烟器、割蜜刀、面罩、蜂刷、剪刀、小刀、镊子、钳子、洗脸盆、清水、抹布、蒿草、木棒等常用器具，也需事先准备好。

② 过箱人员组织：过箱时需要 3~4 人合作才能完成。1 人驱

蜂、割脾；2人修脾、绑脾；1人还脾、收蜂入箱及调整新巢脾、布置新蜂巢。

3）过箱的方法和步骤。中蜂过箱的方法有翻巢过箱、不翻巢过箱、借脾过箱3种，在过箱方法上略有差异，但操作程序基本一致。

① 驱蜂离脾：把旧蜂桶轻轻移开，在原地放一蜂箱，巢门方向、高低应与先前一致。把旧蜂桶桶盖轻轻打开，观察好巢脾的建造方位，使巢脾纵向与地平面保持垂直，然后顺势把蜂巢缓慢转过180度，放稳，使巢脾固着桶的一端在下，游离端向上。如果是横卧式蜂桶、巢脾纵向排列的蜂群则顺着巢脾方向旋转90度，放稳，使原巢脾的下端顺着桶口向上。如果是巢脾横向排列者，则不能桶口向上，否则巢脾就会坠落，压死蜂王和工蜂，给过箱工作带来麻烦，也给蜂群造成损失。在蜂桶口放收蜂笼，四周最好用布等堵严，再用木棒在蜂桶的下方轻轻敲打，使蜜蜂离脾到蜂笼里结团，如果是翻巢后，巢脾横卧的蜂群，则用木棒敲打有脾的一端，驱蜂离脾，到没有脾的一端结团。操作时不要过急，否则会把已结的蜂团驱散。

② 割脾、绑脾：蜜蜂离脾后，将老巢搬入室内或稍高一些的树荫下，进行割脾。同时把收蜂笼稍微垫高一些，放在原来的位置附近，便于回巢的蜜蜂飞入笼内集结，割脾时用左手托着巢脾的下端，右手持割蜜刀，从巢脾基部由前向后逐一割下，将可以利用的脾分别放在平板上。若脾上还有蜜蜂，就用蜂刷刷到蜂笼处。然后开始修脾，将巢框放在巢脾上，按巢框的内围大小用刀切割，去掉多余部分。小于巢框的新脾，将基部切直。切割时，留子脾和粉脾，并适当留下一些蜜脾，供蜜蜂食用。脾切好后，立即进行装脾，将巢脾基部紧贴巢框上梁，顺铅丝用小刀逐一划线，深度不能超过巢脾厚度的一半，再用埋线棒将铅丝埋入划过的线内。这样，经过蜜蜂修整后，巢脾才能牢牢地固定在巢框之上。在整个操作过程中，必须经常擦洗手上和木板上的蜂蜜，以保持脾面整洁，否则会使蜜蜂延迟护脾，冻死蜂儿。脾装好后，

立即进行绑脾，绑脾是过箱成败的关键。脾绑得好，蜜蜂容易接受新环境，安居新巢，也方便以后的管理。绑脾一定要细心，做到子脾平整牢固，新巢内蜂路才能畅通。绑脾方法有插绑、钩绑、吊绑、夹绑等（图7-1），可以根据具体情况选用。脾绑好后，立即将巢脾放入蜂箱内，以免冻伤幼虫或引起盗蜂。脾的排列方式是，子脾面积大的放在中央，其次是面积小的，两旁放蜜粉脾，最外侧放隔板。巢脾间保持8～10毫米宽的距离。

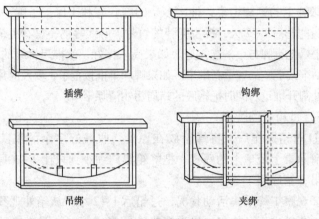

插绑　　　　　　　　　　　　钩绑

吊绑　　　　　　　　　　　　夹绑

图7-1　绑脾的方法

③抖蜂入箱：脾放好后，一人手提蜜蜂已结好团的蜂笼，另一人拿覆布。提蜂笼的人要稳，准确地对着蜂脾将蜂抖入新箱内，另一人立即盖上覆布和箱盖，静息几分钟后，可打开巢门，让外面的蜜蜂爬入箱内。若结团的蜜蜂在旧桶内，则将蜂桶竖直，抖蜂入箱，发现蜂王已被抖入箱内，立即盖上覆布和箱盖，静息2～3分钟后，再开巢门。待蜂完全入箱安静后，打开箱盖，揭开没有放脾一边的覆布，若发现蜜蜂无脾的一侧箱内结团，用蜂扫轻扫蜂团，催蜂上脾，护脾。

4）过箱过程中的注意事项。过箱时动作要稳、快，时间不要超过30分钟，不要压死蜂，绑脾要牢，脾面要完整、少损坏。割

脾时去蜜脾留子脾，去小脾留大脾。抖蜂要准，防止丢失蜂王。如果发现附近有蜂团，应及时察看蜂王是否在其中，蜂王在则应及时收回箱内。如果蜂箱内蜂群久未安静，情绪紊乱，说明蜂王不在箱内，应及时找回，新箱一定要放在旧桶原来的位置上。

过箱的当天晚上应喂给蜜水或白糖水，喂量以第2天早上食完为准，连续喂2~3个晚上，以补足过箱时所失去的蜂蜜。切记不能白天喂或过量喂蜜水或白糖水，否则易引起盗蜂乱场，甚至飞逃。

为了使过箱后的中蜂快速恢复正常生活和泌蜡造脾，应尽量使每张脾上的蜜蜂密集，抽出多余的脾，有利于保护子脾。

过完箱后1~2天，拆去绑脾的竹片、麻线等物，察看工蜂是否已经泌蜡把巢脾与巢框连接好。如果尚未接好，就推迟拆线的时间。没有粘牢或下坠的应重新绑牢。如果脾和巢框接歪了，要及时用刀把连接处割开推正。同时把箱底的蜡屑污物清除干净。

5）过箱后的管理。

① 过箱操作后，将蜂箱放在原处。收藏好多余的巢脾和蜂桶，清除桌上或地上的残蜜。把蜂箱巢门缩小到只让2~3只蜜蜂能进出，箱底用干草垫好。

②观察工蜂采集活动状况，过箱后1~2小时从箱外观察蜂群情况，若巢内声音均匀，出巢蜂带有零星蜡屑，表明工蜂已经护脾，不必开箱检查。若巢内嗡嗡声较大或没有声音，即工蜂未护脾，应开箱查看。如果箱内蜜蜂在副盖上结团，即提起副盖调换方向，将蜂团移向巢脾，催蜂上脾。如果箱内蜜蜂在箱壁上结团，可将巢脾移近蜂团让蜂上脾。

③ 次日如果观察到工蜂积极进行采集和清巢活动，并携带花粉团回巢，表示蜂群已恢复正常。如果工蜂出勤少，没有花粉带回。应开箱快速检查，若蜜蜂没有上脾护脾，集结在副盖或箱壁上，按②中所述方法催蜂上脾、护脾。如果有坠脾或脾面已严重被破坏者，应立即抽弃，如果只有少部分下坠，可重新绑脾。同时检查蜂王是否存在，蜂王最好剪翅，以防逃亡。如果发现已经失王，即选留1~2个好王台，或诱入一只蜂王，或与邻箱合并。

④ 开箱进行检查。过箱后第 2~4 天再检查一次，检查蜂王是否已经产卵，巢内有无存蜜。如果蜂王已经产卵，而且有存蜜，说明过箱已经成功。若巢内缺蜜，则应马上饲喂糖水。脾上蜜蜂稀少，应适当抽出多余巢脾，使蜜蜂密集在脾上。7 天之后，即可解去竹片、麻线等物，解完后把蜂路缩小到 8~9 毫米。

⑤ 如果外界蜜源条件好，10 天左右就可以加巢础，造新脾，用新脾逐渐换去老脾。

6）中蜂活框饲养技术管理要点。

① 选留优良蜂王。优良蜂王对改变中蜂不良习性、饲养强群、提高产量、增强抗病虫害能力等都有着重要意义。因此，选择强群、产量高并且能抗病的蜂群作为种用蜂群来培育新王。

② 选择好的场地。选择蜜粉源丰富，有一个甚至多个大宗蜜源，背风向阳，地势高燥，环境安静，有良好水源作为放蜂场地。

③ 蜂群排列。中蜂蜂群宜利用地形分散放置，不能像西蜂那样整齐划一。各箱的距离在 1 米左右，分组放置时，每组 2~3 群，巢门互相错开。

④ 控制分蜂热。中蜂分蜂习性比较强烈，不易维持强群，在采蜜期控制分蜂是管理中的重点。

具体措施为：选择种用群时，挑选能维持大群，分蜂性弱的群作为种用群，及时更换老王；抽出多余子脾补充到弱群中去，调入幼虫脾加强哺育，同时加础造脾，加大蜂路，扩大巢门；割除雄蜂脾或已老熟雄蜂蛹的房盖；破坏王台；在流蜜期强弱群互换位置，等等。这些措施都可以控制分蜂。在流蜜期前几天发生分蜂热，可以采用换箱抖蜂解决。此法要注意，将带王的巢脾先提到新换箱内，另加巢础两张，把工蜂抖在新箱巢门外，使其自行爬进，再把子脾、粉脾、蜜脾依次放在箱内；蜜源盛期前夕，用新蜂王换掉老王。因新王产卵力强，不易发生分蜂。把分蜂性强的群拆散合并到其他群内。

(3) 控制工蜂咬脾　中蜂有咬脾的习性，咬下的蜡屑易生巢虫，影响繁殖后代，并且浪费蜜蜂重新修造巢脾的精力。因此，

要注意防止咬脾。中蜂咬脾是蜂王不喜欢在老旧脾上产卵，在脾中间咬成洞，好结团，同时也是为了驱逐巢虫。

具体措施为：

① 选择种用群时要选择抗巢虫能力强的蜂群。

② 利用蜜源植物大流蜜时，多造脾，经常更换用新脾，坚持巢脾不超过1年，老脾化蜡。

③ 常削旧脾，中蜂脾往往是上半部储蜜、下半部育虫，因此，对于一些上半部完好的老巢脾可以削掉下半部，再镶上巢础，使蜂群接补成整片的巢脾。

④ 蜂巢里经常保持蜂多于脾或蜂脾相称，抽出多余的空脾另行保管。

⑤ 越冬时，将整张巢脾放在蜂巢两边，半张巢脾放在蜂巢的中央，箱内巢脾排列成"凹"形，以利于蜜蜂结团。

(4) 防止飞逃 蜂群有恋巢性，一般没有原因是不会随意发生飞逃的。中蜂若出现下列情形，则有可能飞逃：巢内严重缺蜜，外界又无蜜源；蜂王产卵明显下降或蜂王停产；受雨淋、暴晒，摆放在工厂、爆破工地、厕所、猪、牛圈旁或氨水池附近；转地不细心造成巢脾破损、中途巢内闷热，到目的地时又大开巢门，工蜂大量挤出巢外；有巢虫等严重病敌害；群势太弱；流蜜期遇阴雨天后放晴；治病用药不当等。

[预兆] 工蜂不出勤，停止守门，扇风，蜂王停产且腹部缩小等。

有飞逃预兆的蜂群，应将蜂王剪翅。方法是：用左手拉住蜂王左翅，使其头朝上；右手握住指甲剪的手柄，将蜂王右翅移入剪口内，轻轻按动手柄，使剪口逐渐缩小到0.5毫米，仔细查看蜂王是否将足、爪伸进剪口内，若无则用力将右侧外翅剪去1/3。

⚠ **【注意】** 千万不要将蜂王的足、爪剪掉。

[已发生飞逃时的处理] 当蜂王还没出巢时，立即关闭巢门，

打开通风窗，喷水，迫使工蜂在巢内结团，使蜂群安静后打开巢门，让工蜂进箱上脾，补给一张子脾；蜂王已出箱，要向蜂团撒沙，迫使它就近落下结团招回，傍晚时更换地方，拿一新箱，补子脾，将蜂团倒在新箱中，晚上补饲。

（5）预防和处理盗蜂 中蜂盗性强，一旦发生后控制起来比较麻烦，平常应以预防为主。选择蜜源丰富的场地，坚持常年养强群，是预防盗蜂的关键；保持蜂群内有充足的饲料；在盗蜂多发季节要加强管理，尽量少开蜂箱，若必须开箱，时间要短，动作要迅速，并注意不要将蜂蜜滴于箱外；蜂群缺蜜时，不用味大的蜂蜜喂蜂，而要用白糖水，喂蜂要在傍晚进行，注意不要将糖水洒到箱外，而且量要晚上刚好吃完为好；一旦发生盗蜂，可以将被盗群的巢门缩小，并挡上树枝、青草，或安上防盗巢门，也可以在被盗群的巢门上抹些煤油、樟脑油或驱蚊剂之类的驱避剂；两群互盗时可将作盗群和被盗群箱互调一下位置，如果是多群作盗一群，可将被盗群在夜晚搬走，原地放一个装有空脾的蜂箱，在巢门口插一根长一点的玻璃筒，使筒口和巢门口平齐，并堵严玻璃筒周围的缝隙，让盗蜂能进不能出，最后杀死盗蜂。蜂场多群互盗，也可以把这些盗蜂移到 3 千米以外的地方放置几天，再将它们迁回，就可以平息盗蜂。

（6）处理工蜂产卵 中蜂失王后，工蜂很容易产卵。失王群群内混乱，并可以听到巢内嘈杂的声音，如果失王时间比较长，会发现工蜂房内有数粒东倒西歪的卵。

发现蜂群失王后应及时采取有效措施诱入新王，防止工蜂产卵，以免给饲养管理上带来麻烦。一旦发现工蜂产卵这种情况，应及时给该蜂群介绍新王。给工蜂产卵群介绍蜂王，最好是介绍老产卵王，老产卵王较稳健，不易被围。介绍时，先提走工蜂所产的卵脾，换入 1～2 张小幼虫脾，过 1～2 天，清除所有急造王台，再用间接介绍法把蜂王介绍进蜂群。介绍蜂王的同时，奖励饲喂蜂群。介绍成功后，若巢脾上仍有工蜂所产的卵，可用稀糖水浇灌这些巢房。蜂王大量产卵后，巢内有了幼虫，工蜂产卵就自行停止了。

—— 第八章 ——
蜜蜂病敌害防控

73 蜜蜂病敌害有哪些?

蜜蜂疾病,就是蜜蜂卵、虫、蛹或成虫对侵染物、寄生物或毒性物质引起的不良反应。蜜蜂疾病有由生物因子和非生物因子引起的传染性和非传染性疾病两大类。蜜蜂的敌害是指那些骚扰和侵袭蜜蜂的有害动物。

蜜蜂传染性疾病可以根据传染源分为以下7大类。

① 病毒病,有囊状幼虫病、蜂蛹病、麻痹病、埃及蜜蜂病毒病、云翅病毒病等。

② 细菌病,有美洲幼虫腐臭病、欧洲幼虫腐臭病、副伤寒病、败血病等。

③ 螺原体病,有蜜蜂螺原体病;

④ 真菌病,有黄曲霉病、白垩病、蜂王卵巢黑变病等。

⑤ 原生动物病,有蜜蜂孢子虫病、蜜蜂阿米巴病。

⑥ 寄生螨,有雅氏瓦螨(大蜂螨)、亮热历螨(小蜂螨)、武氏蜂盾螨(气管螨)等。

⑦ 寄生性昆虫和线虫,有蜂麻蝇、驼背蝇、芫菁、圆头蝇、蜂虱、线虫等。

蜜蜂的非传染性疾病有卷翅病、下痢病、卵干枯病、有毒蜜源植物中毒、甘露蜜中毒、农药中毒等。

蜜蜂的敌害包括:

① 昆虫类:蜡螟、蜻蜓、天蛾、蚂蚁、蟑螂等。

② 两栖类：蟾蜍、青蛙。

③ 鸟类：蜂虎、伯劳、蜂鹰、啄木鸟、山雀等。

④ 兽类：青鼬、老鼠、黑熊、刺猬等。

此外还有蜘蛛类的蜘蛛等。

74 蜜蜂传染性病害的暴发和流行与哪些因素有关?

蜜蜂的传染性病害的暴发和流行主要由 3 个因素构成。首先是病原体的感染和病原体的积累。感染能否成功，既取决于病原体的活性，又与大量病原体的积累密切相关。病原体活性强，易传染给蜜蜂，病原体大量积累使蜜蜂发病。其次是蜜蜂对病害的抵抗力强弱。当病原体侵入蜜蜂机体以后，蜜蜂本身常常会调动一切有利因素来抵抗病原体的侵入。例如，蜜蜂的表皮及中肠的围食膜等都能抵抗病原体的入侵、吞噬细胞（体液中的一种细胞）可以对病原体进行吞噬等。蜜蜂机体所具有的这种抗病力是决定病程是否继续或中断以至侵染关系能否建立的重要条件。第三是环境条件对病害的影响。环境条件不仅影响病原体的发育和繁殖，而且也直接影响蜜蜂和蜂群的健康及对病害的抵抗力。因为许多真菌的孢子的萌发、细菌和病毒的增殖，都要求一定的温湿度条件。当这种温湿度条件不能满足时，整个病程的进展就会受到抑制甚至中止。所以，在蜜蜂的多种病害中，都呈现明显的季节性变化。例如，蜜蜂白垩病常常发生在高温潮湿的季节。因此，加强饲养管理，创造适合于蜂群生存的环境是防病的关键。

75 怎样预防蜜蜂疾病?

预防蜜蜂疾病的措施主要有：

1）注意蜂场卫生，经常清扫蜂场上的蜂尸和赃物，淘汰陈旧巢脾。

2）定期消毒蜂箱蜂具、巢脾及蜂场，在每年春季蜂群陈列以后，蜂群进入越冬期前，对蜂场的蜂箱、蜂具和场地进行一次彻底的消毒。通常采用机械消毒（即通过日光晒、灼烧、煮沸、蒸汽及紫外线等杀灭病原体）或化学消毒（即应用化学药品或试剂消毒）等方法。

3）不用未经消毒或检验的蜂蜜、花粉做饲料；不要随意购买和使用旧蜂具和蜂箱。

4）一旦发现病害，立即对蜂群进行隔离治疗，以免传播蔓延。

5）在每个蜜期结束后即喂或喷预防药物。喂药时间选在傍晚，量以第2天早上吃尽为好，以免引起盗蜂。喷洒预防药时间也应在傍晚时分，所喷药水以蜂毛湿润即可。当然，养强群，勤换王是目前预防蜂病最有效的办法。

76 为什么要对蜂场及蜂机具定期消毒?

在养蜂生产中，切断蜜蜂疾病的传播途径是预防疾病和保证蜂群健康的重要措施，而对蜂场及蜂机具定期消毒，是杜绝蜜蜂疾病传播的重要途径之一。

77 蜂场常用的消毒药物及使用方法是什么?

蜂场常用的消毒药物及使用方法如下：

（1）甲醛 甲醛是无色液体，易溶于水，消毒时常用4%的甲醛溶液浸泡或用40%的甲醛溶液熏蒸，消毒12小时以上，可消毒被孢子虫、病毒和细菌污染的蜂箱、巢脾、隔板等。也可以用2%~4%的甲醛溶液喷洒越冬室，或者用于蜂场地面消毒。

（2）高锰酸钾 高锰酸钾是一种强氧化剂，杀菌力很强，对病毒也有灭活作用，常用其1000~1200倍液浸泡消毒蜂箱、巢脾等。

（3）烧碱 烧碱是一种强碱，对病毒和细菌有较强的杀灭作用，常用2%的烧碱溶液洗刷被美洲幼虫腐臭病和囊状幼虫病污染的蜂箱、隔板、隔王板等。

（4）次氯酸钠 次氯酸钠对细菌有杀灭作用，蜂场常用1%的水溶液喷洒蜂场及越冬室消毒，也可以消毒蜂箱与巢脾。

（5）过氧乙酸 过氧乙酸对真菌、细菌和病毒均有较强的杀灭力，蜂场常用0.1%、0.2%的水溶液消毒被白垩病、囊状幼虫病、麻痹病、美洲幼虫腐臭病、欧洲幼虫腐臭病污染的蜂箱、巢脾等。

（6）**二硫化碳** 二硫化碳为微黄色液体，蜂场常用其消毒巢脾，此药对蜡螟的卵、幼虫、蛹和成虫均有较强的杀灭力。一般放于箱体上部，每箱体用药3毫升，密闭熏治24小时以上。

（7）**硫黄** 硫黄是黄色粉末，燃烧产生二氧化硫气体，可杀死蜂螨、蜡螟幼虫和成虫及真菌。每箱体用药3~5克，于空巢箱中点燃，密闭熏治24小时以上。

（8）**冰乙酸** 用80%~90%的冰乙酸，10~20毫升/箱，密闭熏蒸3~5天，可有效杀灭巢脾上的蜂螨、孢子虫、阿米巴、蜡螟的幼虫和卵。

78 **为什么要对用于饲喂蜜蜂的蜂蜜和花粉进行消毒？**

蜜蜂饲料的洁净卫生与蜜蜂健康的关系十分密切，尤其存放很久的蜂花粉和蜂蜜中，往往带有病原体和有害物质。如导致美洲幼虫腐臭病的病原幼虫芽孢杆菌，可以在蜂蜜、蜂粮中长期存活，蜜蜂幼虫食入后发病。导致白垩病的病原是蜜蜂子囊球菌，它主要通过孢子传播，蜜蜂幼虫食入后，在适宜的环境下发病，该病原菌孢子有很强的生命力，它经常随着蜜蜂清理患病死亡的幼虫而进入脱粉器，与花粉混在一起，蜂花粉成为白垩病的重要传染源之一。因此，对饲喂蜜蜂的蜂蜜或蜂花粉要进行消毒，特别是用来路不明的蜂蜜或蜂花粉喂蜂，饲喂前更应严格消毒。

79 **怎样对蜜蜂的蜂蜜和花粉进行消毒？**

对饲料蜜的消毒，目前最常采用的是加热煮沸法。就是将蜂蜜加少量水，倒入锅内，待煮沸后，持续30分钟，晾至微温即可喂蜂。蜂花粉消毒的方法有钴-60照射法、蒸汽浴法和微波炉消毒法，蜂场多采用后两种方法。蒸汽浴法就是将花粉喷适量水浸润搓成团，直接放在蒸锅屉布上，蒸汽浴30分钟，即可彻底杀死引起蜜蜂患病的病原体。微波炉法是将干花粉0.5千克左右，置于微波炉玻璃盘中，用高火力烘烤，每盘每次烤30秒钟，

中间翻动花粉，连续烤 6 次，即可达到消毒的目的。

80 蜜蜂的病害如何诊断？

蜜蜂的病害主要靠临床诊断和实验室诊断。

（1）临床诊断 主要是通过观察病蜂、死蜂、卵、幼虫及蛹等的变化情况。蜜蜂发病后会出现一系列的症状，从而初步诊断病因。蜜蜂发病后会主要表现在以下几个方面：

1）腐烂：在外界生物因素和非生物因素的寄生和干扰下，蜜蜂的组织细胞被分解，蜜蜂个体出现腐烂现象。这种症状多是由细菌、病毒、真菌等生物因素引起的，且多发生在蜜蜂幼虫期和蛹期。

2）变色：蜜蜂受到病原微生物侵害患病后，在体色上均会发生由明亮变成灰暗，由浅色变成深色等不同的变换。如果幼虫患病会由明亮、有光泽的白色变成苍白，接着转黄，直到变为黑褐色死亡。

3）畸形：蜜蜂遭到寄生虫的危害，或者气候骤变，会引起蜜蜂翅膀残缺、卷翅等。

4）"花子""穿孔"：花子是当蜜蜂幼虫感染病菌后，被工蜂清除掉，蜂王又在清空的巢房内穿插育虫，在一个脾面上同时存在卵、幼虫、封盖子的现象。而穿孔则是封盖子患病后，工蜂常常将已封巢房盖咬开，在脾面上出现"穿孔"的现象。

5）颤抖：蜜蜂由于食物中毒或者受病毒的侵害会引起颤抖。

6）吻伸出：蜜蜂中毒和受螺原体侵害时，死亡后吻会伸出。

7）爬蜂：蜜蜂患螨害、下痢等疾病后，会出现大量蜜蜂在蜂箱前乱爬，不能飞行的现象。

（2）实验室诊断 实验室诊断主要有血清学诊断、解剖学诊断、微生物学诊断。

1）血清学诊断：是利用抗原和抗体两者发生特异性反应的原理来诊断蜜蜂病毒病、细菌病和螺原体病的方法。如利用该方法可对美洲幼虫病和欧洲幼虫病以及麻痹病做出准确的诊断。

2）解剖学诊断：是通过解剖蜜蜂消化道、气管等诊断蜜蜂孢子虫病、阿米巴病、气管螨及甘露蜜中毒、农药中毒等的方法。

3）微生物学诊断：是指利用显微镜（或电子显微镜），或通过分离培养及致病性试验等诊断细菌、真菌、螺原体和原生动物等引起的疾病的方法。

81 怎样诊断和防治蜜蜂囊状幼虫病？

蜜蜂囊状幼虫病是由囊状幼虫病病毒引起的，主要感染2～3日龄小幼虫，潜伏期5～6天。患病幼虫一般死亡在封盖之后，病死幼虫头部上翘、白色、无臭味，用镊子很容易从巢房中拉出，病虫末端有一小囊，里面充满含颗粒状物体的水液。病虫死亡后，巢房盖呈暗黑色，下凹，有穿孔。提起子脾观察，子脾上有"插花子"。每天上午蜜蜂开始采集时，可以看到工蜂从巢内拖出病虫尸体，散落在巢门前地上。就此基本上可诊断为该病。如果有条件可以再通过电镜观察和血清学诊断进一步确诊。

对该病要加强预防，可以通过采取抗病育种，蜂具、饲料预防消毒，加强蜂群饲养管理来减少蜂群患病。对已患病的蜂群，可以采用断子清巢或换脾，结合用药治疗。蜂群患病采取换王或幽王措施时，人为造成10天左右的断子期，并使蜂群群势密集，让工蜂清洁巢脾。换出的巢脾可以用4%的过氧化氢或5%的次氯酸钙进行消毒。在断子期和恢复产卵后，给蜂群喂药物糖浆。药物治疗以中草药为主，中西药结合，方法有：

1）华千金藤，取干药10克，适量水浸后文火煎煮约半小时，取滤液，按1∶1加白糖，制成糖浆，再加多种维生素3片，喂蜂10框，连续或隔日喂，4～5次为1个疗程。

2）半枝莲，又叫狭叶韩信草，50克干药治疗蜂10框。饲喂方法同华千金藤。

3）贯众50克，金银花50克，甘草10克为一方剂，喂蜂10

框。喂法同上。

4）盐酸金刚烷胺片，每群每次 0.05 克，喷雾或饲喂，隔日一次，连用 5 ~ 7 次为 1 个疗程。生产季节前一个月停止用药。

82 中药预防病毒性病的参考处方有哪些？

【处方 1】 茯苓 50 克、紫草 50 克、板蓝根 50 克、金银花 50 克、紫花地丁 50 克、枯矾 25 克、黄柏 25 克、罂粟壳 25 克、福利平胶囊 20 粒，可预防 60 脾蜂（7 天用 1 次，每 3 次为 1 个疗程）。

【处方 2】 贯众 30 克、苍术 30 克、罂粟壳 50 克、青香 30 克、甘草 20 克，可预防 10 框蜂。

【处方 3】 天丁 100 克、地丁 100 克、华头草 200 克、过路黄 100 克、夏枯草 100 克，可预防 30 框蜂（7 天 1 个疗程，间隔 2 ~ 3 天使用）。

【处方 4】 半枝莲的干草 50 克、水 2.5 千克，煎煮半小时后，1:1 加入白糖溶化，可用于 20 ~ 30 框蜂的预防。

【处方 5】 五加皮 50 克、金银花 15 克、桂枝 10 克、甘草 6 克，煎汤，可用于 40 框蜂的预防。

【处方 6】 华千斤藤（海南金不换）干块根 8 ~ 10 克，煎汤，可用于 10 ~ 15 框蜂的预防。

【处方 7】 板蓝根 50 克，可用于 3 ~ 5 框蜂的预防。

【处方 8】 贯众 30 克、金银花 30 克、甘草 6 克，可用于 10 ~ 15 框蜂的预防。

83 怎样诊断和防治蜂蛹病？

蜂蛹病又叫"死蛹病"。意蜂发病较普遍，受害较重。该病由蜜蜂蛹病病毒引起。死亡的工蜂蛹多呈干枯状，也有的呈湿润状，病毒在大幼虫阶段侵入，发病幼虫失去自然光泽和饱满度，体色呈灰白色，逐渐变为褐色，尸体无臭味，无黏性，多数巢房盖被工蜂咬破，露出头部，呈"白头蛹"状，有插花子脾现象。

患病蜂群的工蜂表现出疲惫，出勤率减低，蜂箱前可发现死蜂蛹或发育不健全的幼蜂，根据这些症状可以基本断定该蜂群患蛹病。如果经过电镜观察病毒和血清学诊断更可确诊无误。

对蜜蜂蛹病可以通过抗病育种、卫生消毒和加强饲养管理加以预防。对已患病蜂群，采用更换蜂王，结合药物治疗的方法。发现蜂群患蛹病后，应立即弃除病群蜂王，换入健康蜂王，并限制蜂王产卵，以阻断蜂王对蛹病的传染途径。将已患病子脾抽出，污染较轻的，用镊子清除死蛹，并用4%的甲醛溶液消毒。污染严重的，干脆将其烧毁。采取以上措施后，同时给蜂群用药。

【处方1】 蛹泰康，每包4克，加水500毫升，喷脾40～50张，每周2次，连续3周为1个疗程。

【处方2】 吗啉胍1片、维生素C 2片、维生素B_1 2片、柠檬酸1克，研成细粉，加入适量糖浆中搅匀溶解喂蜂10框，连续喂7天为1个疗程，连续用药3个疗程。

【处方3】 黄柏10克、黄芩10克、黄连10克、大黄10克、海南金不换10克、五加皮5克、麦芽15克、雪胆10克、党参5克、桂圆5克，每剂加水1.5千克煎熬，药液以1:1加入适量糖浆中，喂蜂300框，每天傍晚喂1次，连续3次为1个疗程。3天后，再喂1个疗程。

84 怎样诊断和防治慢性蜜蜂麻痹病？

慢性蜜蜂麻痹病又叫"瘫痪病""黑蜂病"，是由慢性蜜蜂麻痹病病毒引起的危害成年蜂的传染病。病蜂表现出两种症状，一种为"大肚型"，患病蜂腹部膨大，蜜囊内充满液体，全身颤抖，不能飞翔，病蜂反应迟钝，行动缓慢，常在地上缓缓爬行或集中在框梁上或巢脾边；另一种是"黑蜂型"，病蜂身体瘦小，头部和腹节末端油光发亮，身体绒毛几乎脱落，翅常残缺，身体和翅颤抖，失去飞翔能力。具备以上症状，可基本断定为慢性蜜蜂麻痹病。

预防此病主要采取更换蜂王、杀灭病蜂及药物防治的综合方法。用抗病力较强的新蜂王更换患病群蜂王是目前对该病防治行之有效的措施之一。杀灭病蜂是减少和阻断传染源的一项措施，方法是将病群移开 1～2 个箱位，换上卫生健康的蜜粉脾和蜂箱，将蜜蜂抖落箱前，健康蜂迅速爬入蜂箱，留在后面的病蜂，集中收集烧毁或深埋。药物治疗的方法是：

【处方 1】 升华硫，对病蜂有驱杀作用，每框蜂每次用药 1 克，将升华硫粉均匀撒布在框梁上、蜂路间、蜂箱底，可有效控制慢性蜜蜂麻痹病的发展。

【处方 2】 盐酸金刚烷胺片，每群每次 0.05 克，喷雾或饲喂，隔日 1 次，连用 5～7 天为 1 个疗程。生产季节前 1 个月停止用药。

85 怎样诊断和防治蜜蜂败血病？

蜜蜂败血病是由蜜蜂败血杆菌引起的成年蜜蜂传染病。在我国少数蜂场已有发生。蜜蜂患病后开始表现出焦躁不安，停止进食，逐渐变得极度虚弱，失去飞翔能力，在蜂箱内外爬行、振翅，最后抽搐、痉挛而死。病死的蜜蜂很快腐败，胸部肌肉变为泥灰色进而成为灰黑色，体节间失去连接，尸体很容易分成头、胸、翅、腹等部分或分离成许多小片。根据以上症状基本可以断定蜂群患有蜜蜂败血病。

对于该病要加强预防，注意将蜂群放置在干燥、向阳、通风良好的地方，饲料及蜜蜂采食之水要卫生洁净。已患病蜂群，要对蜂箱和巢脾进行更换消毒，并对蜂群进行喂药治疗。

【处方】 诺氟沙星，每群每次 0.025 克，喷脾或饲喂，隔日 1 次，连用 5～7 次为 1 个疗程。

86 怎样诊断和防治蜜蜂副伤寒病？

蜜蜂副伤寒病，是蜂群越冬期常见的一种细菌传染病，常在冬末春初发生，造成成年蜂严重下痢死亡，故此病也称"下痢病"。患病蜜蜂的典型症状是：腹部膨大、体色发暗、行动迟缓、体质衰弱，有时肢节麻痹、腹泻等。患病严重的蜂群箱底或巢门口死蜂遍地，病蜂排泄物大量聚集，发出令人难闻的气味。拉出蜜蜂肠道，呈灰白色、无弹性，其内充满棕黑色的稀糊状粪便。根据以上临床症状，基本可判断蜂群患此病。

越冬饲料的优劣与蜂群的发病率相关性极高。越冬饲料一定要选留优质无污染、无甘露蜜的蜜脾。蜂群越冬饲料不足的，应尽早以优质白砂糖补喂，并适量加入柠檬酸或酒石酸，促进蔗糖转化成单糖；同时对蜂群加强管理，注意蜂场及巢脾的卫生消毒，防止蜜蜂采食不洁之水。患病蜂群要进行换箱、换脾消毒，并进行药物治疗。

【处方】 诺氟沙星，每群每次 0.025 克，喷脾或饲喂，隔日 1 次，连用 5 ~ 7 次为 1 个疗程。

87 怎样诊断和防治蜜蜂白垩病和黄曲霉病？

白垩病又称"石灰质病"，是由蜜蜂囊球菌引起的蜜蜂幼虫死亡，并使虫体肿胀、长出白色附着物的一种顽固性真菌传染病。白垩病的典型症状是死亡幼虫多呈干枯状，上面布满白色、灰黑色或黑色附着物，幼虫尸体无臭味、无黏性、易取出，常被工蜂拖出巢房，聚集在箱底或巢门前。患病幼虫多在大幼虫期或封盖幼虫期，又以雄蜂幼虫为多。患病群巢房盖不齐，有凹陷，有或大或小的孔洞，从大孔可直接观察到患病白色幼虫，小孔挑开后可见患病幼虫。根据以上症状可诊断为白垩病。如果能结合显微镜检查则更加准确可靠。

黄曲霉病又叫"结石病""石蜂子"，是由黄曲霉菌引起的蜜蜂真菌病。该病不仅可以使幼虫死亡，还可以使蛹和成蜂染病。染病的幼虫和蛹，体色发白，逐渐变硬，形成如石子状的东西，体表因长满绿色的孢子而呈褐色或黄绿色。大多数受感染的幼虫和蛹死于封盖之后，尸体呈木乃伊状。成蜂染病后，逐渐虚弱，失去飞翔能力，爬出巢外死亡，死蜂身体变硬，潮

湿条件下，可长出菌丝。根据以上症状结合显微镜检查可准确诊断此病。

88 蜜蜂农药中毒有何症状？

由于农田、果园打药，蜜蜂采集了受农药污染的花粉、花蜜，常引起农药中毒。近年来除草剂大量使用，也时常引起蜜蜂慢性中毒死亡。蜜蜂农药中毒的典型症状是：全场蜂群突然出现大量死蜂，采集蜂多的强群死亡量大。中毒蜂群，性情暴躁，爱蜇人，常常追逐人畜。巢门前有大量死亡或即将死亡的蜜蜂。中毒蜜蜂，肢体失灵颤抖，在地上乱爬、翻滚、打转。死亡的蜜蜂两翅张开，腹部向内弯曲，吻伸出。群内中毒的大幼虫从巢房脱出而挂于巢房口，有的幼虫落在箱底。根据以上症状基本可断定为蜜蜂农药中毒。

89 怎样预防和解救蜜蜂农药中毒？

对农药中毒应注意预防，养蜂场与施药单位应密切配合，施药单位应尽量采取统一行动用药，一次性用药，并在农药内加入适量蜜蜂驱避剂。用药前提前通知养蜂者，使养蜂人员根据所用药物毒性，采取关闭巢门或转场等措施，防止农药中毒发生。不幸发生农药中毒时，要对蜂群采取急救措施，可以尽快撤离施药区，同时清除巢脾里的有毒饲料，将被农药污染的巢脾放入20%的苏打溶液中浸泡12小时左右，用清水冲洗干净，再用摇蜜机将巢脾上残留的水甩出，晾干后再使用。同时对中毒蜂群，立即饲喂稀糖水或稀蜜水，不仅可以供给蜜蜂所需要的水和营养，同时还可以冲淡农药毒性，促进蜂群繁殖。如果明确引起蜂群中毒的农药种类，还可以给蜂群饲喂解毒药剂。对有机磷类农药中毒，可用0.05%～0.1%的硫酸阿托品或0.1%～0.2%的解磷定糖水溶液喷脾解毒。对有机氯类农药引起的中毒，可在250毫升蜜水中加入20%的碳胺噻唑注射液3毫升，或1片阿托品，充分溶解搅匀喷脾。

90 西方蜜蜂主要病虫害的防治注意事项有哪些?

(1) 白垩病的防治

1）摆蜂场地应选择地势高燥、不积水、通风良好之处，蜂箱需垫高 20cm 以上。

2）蜂箱应严密，无缝隙。

3）春繁气温低时，应做好蜂群的保温，以防止幼虫受冻。

4）饲喂花粉饲料时，花粉饲料必须消毒，可采用蒸汽消毒（蒸汽 15 分钟）或微波消毒（中火 3 分钟）。

5）群内任何时期均应留足饲料，以保证蜜蜂正常的营养需求。

6）春季饲喂白糖糖浆时，糖与水的比例应在 1 : 1.2 以上。

7）做好场地、蜂箱、蜂具的消毒工作。

8）蜂群进入春繁，外界雨水较多、湿度大时，一旦发现蜂箱外有拖出的虫尸时，立即用药物防控。蜂群中病虫消失后立即停药。

(2) 大、小蜂螨的防治　按照当地的气候条件和生产安排适时治螨。

1）大蜂螨防治原则。

① 物理法。热处理法即可防治。因为狄斯瓦螨发育的最适温度为 32～35℃，42℃出现昏迷，43～45℃出现死亡。因此利用这一特点，把蜜蜂抖落在金属制的网笼中，以特殊方法加热并不断转动网笼，在 41℃下维持 5 分钟，可获得良好的杀螨效果。这种物理方法杀螨可以避免蜂产品污染，但由于加热温度要求严格，一般在实际生产中应用不便。

② 化学法。应杜绝滥用农药如敌百虫、杀虫脒等治螨的做法。另外，应交替使用不同的药物，以免因长期使用某一种药物而使螨虫产生抗药性。

常用的治螨药物有（严格按照产品说明的剂量和使用天数操作）：

a. 有机酸：甲酸、乳酸、草酸等有机酸都有杀螨的效果，其中以甲酸的杀伤力最强。

b. 高效杀螨片（螨扑）：有效成分为马朴立克（氟胺氰菊酯），对蜜蜂安全。

③ 生物法。

a. 雄蜂脾诱杀。利用瓦螨偏爱雄蜂虫蛹的特点，用雄蜂幼虫脾诱杀瓦螨，控制瓦螨的数量。在春季蜂群发展到 10 框蜂以上时，在蜂群中安装上雄蜂巢础，让蜂群建造雄蜂房巢脾，蜂王在其中产卵后 20 天，取出雄蜂脾。

b. 勤换新巢脾。狄斯瓦螨在相对较小的巢房中繁殖力强。新巢脾巢房比旧巢脾巢房要大，勤换新巢脾可以起到抑制大蜂螨繁殖的作用。

2）小蜂螨防治。

① 生物法防治。

生物法防治可以采用断子法。根据小蜂螨在成蜂体上仅能存活 1 ~ 2 天，不能吸食成蜂体血淋巴这一生物学特性，可采用人为幽闭蜂王或雄蜂脾诱杀的方法治螨。

【幽闭蜂王】 扣王 12 天后，蜂群内就会出现彻底断子，放王 3 天后蜂群才会出现小幼虫，这时蜂体上的小螨已经自然死亡。也有报道称对感染蜂群扣王，9 天就足够了。

【雄蜂脾诱杀】 利用小螨偏爱雄蜂虫蛹的特点，用雄蜂幼虫脾诱杀小蜂螨，控制小蜂螨的数量。在春季蜂群发展到 10 框蜂以上时，在蜂群中加入雄蜂巢础，迫使其建造雄蜂巢脾，待蜂王在其中产卵后 20 天，取出雄蜂脾，以此来达到控制小蜂螨的目的。

② 化学法防治。可以将升华硫药粉均匀地撒在蜂路和框梁上，也可以直接涂抹于封盖子脾上，注意不要撒入幼虫房内，造成幼虫中毒。一般每群（10 足框）用原药粉 3 克，每隔 5 ~ 7 天用药 1 次，连续 3 ~ 4 天为 1 个疗程。用药时注意要均匀，用药量不能太大，以防引起蜜蜂中毒。

91 中蜂主要病虫害的防控原则有哪些？

（1）囊状幼虫病

1）饲养管理上的防控。

① 换王：一年至少换一次蜂王，有条件的地方一年可换王2次或以上。

② 换脾：蜂群内应及时淘汰旧脾，中蜂饲养应每年造新脾更换旧巢脾。

③ 饲养强群，并保持蜂略多于脾。

④ 摆蜂场地应选择地势高燥、不积水、背风向阳之处，蜂箱需垫高20厘米以上。

⑤ 蜂箱应严密，无缝隙。

⑥ 春繁气温低时，应做好蜂群的保温，减少箱内温度波动，防止幼虫受冻。

⑦ 群内任何时期均应留足饲料，以保证蜜蜂正常的营养需求，春季外界缺粉，可适当饲喂花粉。

⑧ 做好场地、蜂箱、蜂具的消毒工作。

⑨ 春季摇蜜时，子圈较大的脾不摇蜜，子圈小的脾，快取轻摇，减小幼虫机械损伤与受冻。

2）药物防控。当群内出现典型的中蜂囊状幼虫病症状后，可以使用中草药制剂（见中药预防病毒性病参考处方）每天1次，连续8次。

（2）蜡螟 危害蜜蜂的蜡螟有大蜡螟（Galleria mellonella Linne）和小蜡螟（Achroia grisella Fabr）两种。大蜡螟分布于全世界，小蜡螟主要分布于亚洲和非洲。它们的幼虫蛀食巢脾，钻蛀隧道，造成"白头蛹"；轻者影响蜂群的繁殖力，重者造成蜂群的飞逃。东方蜜蜂较西方蜜蜂受害严重，蜡螟的防治方法如下。

1）经常清除蜂箱内的残渣蜡屑，保持蜂群卫生，清除陈旧巢脾。

2）饲养强群，保持蜂多于脾，对弱群作适当合并，增强其对巢虫的抵抗力。

3）当巢虫上脾为害时，应及时进行人工清除，或抖落蜜蜂，将巢脾用药物熏治，杀灭巢虫。

4）储存的巢脾应密闭保存，定期用冰醋酸或硫黄熏杀。

5）生物防治。用苏云金杆菌压入巢础内或用 Bt 制剂喷脾，当巢虫上脾危害时，食入苏云金杆菌后就会感病死亡。

> **【蜂群中禁药目录】**
>
> 　氯霉素、磺胺类药物（各种磺胺）、喹诺酮类药物（诺氟沙星、各种沙星类药物）、硝基呋喃类药物（呋喃西林、呋喃妥因和呋喃唑酮、呋喃它酮等）、硝基咪唑类药物（甲硝唑、二甲硝基咪唑、甲硝哒唑、地美硝唑、洛硝哒唑等）、青霉素、链霉素、大环内脂类（红霉素等）、抗真菌药物（制霉菌素、二性霉素等）。

——第九章——
蜂产品生产技术

92 蜂产品都有哪些?

蜂产品包括蜂蜜、蜂王浆、蜂花粉、蜂胶、蜂蜡、蜂毒、雄蜂蛹等。根据蜂产品的来源可将其分为两大类:一类是蜜蜂采集物或分泌物,包括蜂蜜、蜂胶、蜂花粉、蜂王浆(蜜蜂咽腺的分泌物)、蜂蜡(蜜蜂蜡腺的分泌物)和蜂毒(蜜蜂螫针基部的毒腺分泌物)等;另一类则为蜜蜂本身在不同发育阶段的产物,如蜜蜂幼虫、雄蜂蛹和蜜蜂躯体。

93 怎样生产分离蜜?

用摇蜜机摇出的蜜脾中的蜂蜜称为分离蜜。分离蜜可根据蜜种不同,分为混合蜜(几个花期交错时采集的蜂蜜)和单花蜜(单一花期时采集的蜂蜜)。

生产工具主要有不锈钢割蜜刀,不锈钢或无毒塑料制成的摇蜜机(图9-1、图9-2)等。

(1)组织采集蜂群 中蜂定地饲养时,根据蜜源植物的流蜜期和流蜜强度,选择2~3个主花期,组织采集蜂群取蜜,其他辅助蜜源用于繁殖蜂群。中蜂容易产生分蜂热,所以不能在流蜜期之前过早组织蜂群,否则会影响采蜜量。在流蜜期前开始组织强群,流蜜初期组织一半的蜂群作为基础采集群,其余作为辅助群。将辅助群中部分出房的带蜂老脾补入采集群,组成10脾以

外观图

内部结构图

图 9-1　手动摇蜜机

图 9-2　电动摇蜜机内部结构

上的强群，幼虫出房使采集蜂增多，再加入空脾或浅继箱储蜜，5 天后检查并除掉急造王台。进入大流蜜期时，将采集群中的幼虫脾和卵脾提出，抖掉蜜蜂后加入到辅助群中，减轻采集群采集蜂的饲喂负担，以便更好地利用蜜源采集较多的花蜜。

意蜂在流蜜期前将弱群补入强群，把辅助群的幼虫和卵脾加入到强群进行哺育，可以达到防止分蜂和扩大强群的目的。也可以将辅助群的封盖子脾加入到采集群的继箱内，使巢脾数达到 16 脾以上。这样既可以加强采集群又可以利用出房后的空巢房储蜜，获得较好的效益。

(2) 摇蜜　最佳摇蜜时间为上午 10:00 前。因为下午取蜜则会混入当天采集的花蜜，这样花蜜含水量较大，浓度低，易发酵。取蜜原则是：初期尽早取，中期稳定取，后期谨慎取。

取蜜需经过提脾、抖蜂、割蜜盖、摇蜜和还脾等步骤。一般需 3 人按照提脾抖蜂，割盖摇蜜，传递巢脾来进行分工合作。

1）提脾抖蜂。先整理巢脾，蜜脾放置在边上，幼虫和卵脾放中间。依次轻轻提出蜜脾，两手紧握框耳，手腕用力连续对准箱内猛抖 2 ~ 3 下，将蜂抖入蜂箱内，用蜂刷轻轻扫下余蜂，之后，将无蜂的蜜脾传送至摇蜜机前。

2）割盖摇蜜。用快的割蜜刀沿上框梁将刀口放平均匀用力切割。如果将割蜜刀用温水浸泡后再割蜜盖效果更好。割下的蜜盖放在有铁纱网的盆内，滤出蜂蜜。把蜜脾放置在室内事先清理好的洁净塑料摇蜜机中，对称的蜜脾重量差别不能太悬殊，如果一张过重可先摇几圈再放另一张蜜脾。摇蜜速度由慢到快，最后由快到慢，不能忽快忽慢。摇出一侧的蜂蜜后反向放回再摇取。

3）还脾。已经摇完蜜的巢脾要迅速放回蜂箱内，并调整巢脾，盖好箱盖以免发生盗蜂。摇蜜时不能将蜜散落在蜂场内，以防引起盗蜂。

（3）过滤　摇出的蜂蜜用细铁纱制成的漏斗，垫上 3 ~ 4 层纱布过滤，及时除去蜡屑和蜜蜂等杂物。

（4）装桶保存　过滤后的蜂蜜要按照不同蜜源植物分开装桶，贴上写有产品名称、产地、蜜源和日期的标签，于避光阴凉处（且温度应不高于20℃，湿度不超多75%）保存，储存场地需清洁卫生，远离污染源，不得与有毒有害、有异味的物质同库同处存放，防潮、防暴晒、防风沙。

94 怎样提高蜂蜜产量和品质？

1）选用符合生产需求的优良高产蜂种和健康的蜂群。

2）饲喂强群，生产成熟蜂蜜。

3）选择无污染的蜜源地区进行蜂蜜生产。

4）合理使用药物：使用国家允许的无污染的高效低毒蜂药防治蜜蜂病虫害，严格遵循休药期管理。

5）选择符合食品卫生要求的装蜜容器。

6）采收时保持环境清洁卫生。

7）采收后，装桶前多层过滤。

95 怎样生产巢蜜？

巢蜜，又称格子蜜，是利用蜜蜂的生物学特性、由蜜蜂采集天然花蜜在巢蜜格内酿造出来的、连巢带蜜并盖上蜡盖的蜂蜜块。巢蜜既具有分离蜜的功效，又具有蜂巢的特点，是一种被誉为最完美、最高档的天然蜂蜜产品。一般可以分为格子巢蜜、大块巢蜜、切块巢蜜及混合块巢蜜等。因其具有天然蜜源的芳香，鲜美滋味和纯天然等特点，深受国内外消费者喜爱。

生产巢蜜需要的条件是蜜源充足，蜂群强壮和设备精良。最好选择色泽较淡、气味芳香、流蜜量大、不易结晶的蜜源品种进行巢蜜生产。

（1）生产设备及安装

1）蜂箱。使用10框标准箱，继箱高度14厘米，比普通继箱浅10.5厘米。

2）巢蜜格。用薄木板或塑料制成，呈长方形或正方形（图9-3、图9-4）。蜜格大小视所需巢蜜重量而定。一般为10厘米×7厘米×3厘米（带蜂路）。

3）巢础。用纯净蜂蜡特制的较薄的巢础，其形状和大小视巢蜜格的形状和内径尺寸切割。

4）巢础垫板。将比巢蜜格内围尺寸小1~2毫米、形状与巢蜜格相同的木板粘在木板上制成。每块板上粘的木板数根据需要而定。木板厚度略小于巢蜜格厚度的一半，把巢础片正好镶嵌在巢蜜格中间。使用时把巢蜜格套在木板上，将切好的巢础片放在巢蜜格内，用融化的蜂蜡固定在巢蜜格上即可。

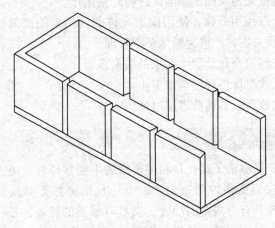

图9-3　巢础模盒

图 9-4　各种巢蜜格

5）巢蜜格框架和"T"型板条式托架。框式框架内围尺寸依巢蜜格的外径及摆板的格数而定，所用板条的宽度和巢蜜格宽度相同。

"T"型板条式托架，用镀锌铝皮或马口铁制成，宽 5 厘米，长度依放置方向而定，纵向放置的为 50.8 厘米，横向放置的则为 42.4 厘米。

安装时在巢蜜继箱下部锯开 2 毫米的深槽，将托架按倒"T"字形钉在箱壁的下缘。若将巢蜜格侧放，则需沿箱体纵向钉 4 根托架，每根相距 10.3 厘米，放 3 行 10 厘米 × 7 厘米 × 3 厘米的巢蜜格，每行 9 个，可放 2 层，外侧放 1 个饲喂器。如果竖放，则沿箱体纵向钉 6 根托架，每根相距 7.3 厘米，放 5 行巢蜜格，每行 9 个，只能放 1 层。

如果沿箱体横向安装托架，巢蜜格侧放时，可钉 6 根，放 4 行巢蜜格，每行 7~8 个，可放 2 层；巢蜜格竖放时，可钉 7 根，放 6 行巢蜜格，每行 7~8 个，只能放 1 层。

巢蜜格的多少需根据蜂群群势，流蜜期的长短及泌蜜量等情况确定。木板巢蜜脾面的蜂路留 5 毫米。其他工具还有包装盒，隔板和饲喂器等。

（2）巢蜜生产的蜂群管理 生产巢蜜必须选择西蜂量在 14 足框以上的强群，而且是采集力强、健康无病的新王群。需不易结晶、味香色淡、花期长或泌蜜量大的蜜源，才适宜生产巢蜜。通常流蜜期在 20 天以上的蜜源植物最利于巢蜜生产。流蜜期开始时用封盖子脾换去部分幼虫脾，并加上已安装好巢蜜格的浅继箱，然后进行以下管理。

1）抓紧修好巢蜜格内的巢脾。为了在流蜜期多生产巢蜜，当主要蜜源植物开始流蜜时，就应该抓紧时间让蜂群将一批巢蜜格内的巢脾修造好。如果两个大蜜源相接，可利用前一个蜜源造脾，后一个蜜源生产巢蜜，提高巢蜜的成功率。

2）加巢蜜浅继箱。当大流蜜开始后，巢箱内的脾上部蜜房已储满蜜时应立即加巢蜜浅继箱。当浅继箱内巢蜜格内已装好蜜，并已经封上蜡盖，即可取出，加上新的巢蜜格。

3）控制分蜂热。生产巢蜜需要强大的蜂群，生产期间只有 1 个巢箱和 1 个浅继箱，巢内比较拥挤，容易产生分蜂热。因此，蜂群必须用当年培育的优良蜂王，并隔 5 ~ 7 天检查 1 次，及时清理王台、扩大巢门等。必要时可用其他群的幼虫脾换出封盖子脾，以消除分蜂热。

4）封盖平整。蜜蜂喜欢在同一方向上接受巢脾，或者把蜜蜂装在巢脾的后半部，前半部储蜜较少，这样会导致在外界流蜜较涌或饲喂不均时，易出现封盖不均匀的现象。因此，无论是使用托架还是框架生产巢蜜，在每两行（或两框）之间要再加 1 块薄木板控制蜂路，不让蜜蜂任意加高蜜房；每次检查调整蜜格时，要把浅继箱掉头，促使蜜蜂均匀造脾和储蜜；主要流蜜期因流蜜很涌，要及时添加巢蜜继箱；饲喂时要根据储蜜情况，掌握恰当的饲喂量和饲喂时间。

5）补充饲喂。当主要蜜源即将结束，巢蜜格尚未储满蜜或尚未完全封盖时，必须进行补充饲喂，饲喂同一种蜂蜜，严格控制饲喂量。巢蜜格尚未储满蜜时可早晚都喂，每次 1～1.5 千克；尚未封盖时可以补充饲喂同种蜂蜜，促使封盖；未完全封盖时要限制饲喂。饲喂期间要加强通风，排出水分。

6）防止污染。巢蜜生产期间，绝对禁止使用农药和抗生素防治蜂病。如果蜂群已经患病，应立即停止生产巢蜜。饲喂生产巢蜜的蜂群时使用的蜂蜜必须是纯净且符合卫生标准的同一种蜂蜜，最好使用该蜜源生产的稀薄蜜进行饲喂。

（3）巢蜜的采收、包装和储运

1）及时采收。从蜂群中取巢蜜格承架，卸下格子巢蜜，巢蜜格的封盖不可能完全一致，需进行优劣分类，把封盖完全、表面平整、色泽洁白的格子巢蜜，装入配套的巢蜜盒，进库储藏待售；把有缺陷的次品格子巢蜜集中起来，择时放入蜂群进行二次加工。切勿久置于蜂群中，以防蜡盖上由于蜜蜂往来而留下污迹。

采收时，用起刮刀把继箱之间的赘脾刮除干净，用蜂扫驱逐蜜脾上附着的蜜蜂，动作要轻，不能弄破蜡盖，成批采收时可用脱蜂板或吹风机，不能使用喷烟机，以避免蜜蜂受刺激后吮吸蜂蜜，咬破或污染蜡盖。

2）灭虫。将巢蜜继箱搬到密闭的室内，立刻进行熏蒸处理，以免遭受蜡螟幼虫的破坏。用二氧化碳或硫黄熏蒸巢蜜或蜜脾。另外，-15℃ 以下冷冻 24 小时可以杀死蜡螟的卵和幼虫。将巢蜜装入食品塑料袋内密封，不仅可以防止异味的污染，而且冷凝的水汽也不会存留在巢蜜封盖的表面。大量的巢蜜可以用二氧化碳熏蒸。在 37℃、相对湿度 50%、二氧化碳浓度 98% 的条件下密闭熏蒸 4 小时后，能杀死各个发育阶段的蜡螟。高浓度的二氧化碳可能危及人的生命，熏蒸后必须待二氧化碳排出，人员方可进入。

3）整修蜜格。采回巢蜜后，用不锈钢薄刀片割去蜜格的边沿和四角上的蜂胶、蜡瘤及其他污迹。不能刮去的蜂胶污迹，可用纱布浸稀酒精擦拭。分别用玻璃纸或无毒塑料薄膜封装，放入有窗口的纸板盒内或无毒透明的塑料盒内。巢蜜格之间的赘脾也应除去。

4）检验包装。整修巢蜜格时，逐个按照标准挑选，选择外表平整，封盖完全，颜色均匀，格子清洁，没有巢虫卵和虫卵，不含游离金属元素，不含抗生素，没有花粉房，不结晶，不含甘露，蔗糖含量不超过5%，重量合格的巢蜜格。装入经消毒的包装盒，盖紧盒盖并贴上透明胶带。

5）储运。装好巢蜜盒，可集中放置在包装箱内，放在5℃左右的低温环境下保存，运往销售地。温度不能过高，否则会产生蜜汁外流等情况，影响巢蜜的品质。

96 生产蜂王浆的蜂场环境应如何选择？

（1）放蜂环境

1）空气环境。生产蜂王浆的蜂场要选择在当地常年风向上游没有污染源（如化工厂、农药厂、经常喷洒农药的果园等）处。

2）水环境。水源上游没有污染源，如排放有毒重金属、农药、酸碱和抗生素的企业。

3）土壤环境。蜂场方园20千米内没有铅、砷等有毒矿场，特别是浅表层3米以上没有铅、砷等的地方。

（2）蜜粉源植物

1）蜂场周围3千米内应有丰富的蜜粉源植物。野生或牧草类蜜源植物是生产蜂王浆的理想植物；蜂场周围种植的水果等蜜粉源植物，整个花期不用农药、抗生素，才能生产蜂王浆。

2）蜂场周围10千米范围内没有有毒蜜粉源植物开花，以防蜜蜂采集到有毒花粉和花蜜，引发蜜蜂大量中毒，影响蜂王浆的质量和产量。对蜜蜂有毒的蜜粉源植物有油茶、八角枫露蜜等。

生产蜂王浆时，蜂场周围的空气、土壤、水源都应避免重金属、农药、抗生素和有毒蜜源植物的污染，否则，不仅会造成大量蜜蜂中毒死亡，还会造成蜂王浆的污染。

（3）蜂群

1）选种和繁育蜂群。选用抗病、蜂王浆高产的蜂种，提高蜜蜂抗病能力，培养大量适龄分泌蜂王浆的幼蜂。提早繁育蜂群，延长产浆时间。

无传染性疾病的健康蜂群，始繁群势 2～4 框较佳，待巢箱、继箱繁育蜂群至 6 框时，去除继箱上的蜂王后，即可开始生产蜂王浆。

强群繁育蜂群，能够增强新出生幼蜂体质，同时更好地防治蜂螨和有效预防其他病害。

2）强群生产。巢箱、继箱各 6 框以上、4～5 框封盖子、2～3 框幼虫的蜂群生产蜂王浆较佳。

3）糖、粉充足。群内有 5～6 千克以上的蜂蜜，1 千克以上的蜂花粉，不足的补够。保持每天蜂群消耗量与采集的蜂蜜、蜂花粉量平衡。如果每天达不到平衡，则需补喂糖及花粉。

（4）生产 2.5 日龄的高品质蜂王浆 2.5 日龄的蜂王浆不仅产量高，10-羟基-2-癸烯酸含量也高，可增加蜂王浆生产批次。

（5）病虫害的防治 影响蜂王浆生产的最主要的病虫害是蜂螨和细菌、真菌等病害。

1）预防为主。繁育蜂群前，对蜂具及巢脾进行认真消毒。预防大、小蜂螨。

2）少数蜂群发生病害时，换箱换脾。群势弱、数量少的蜂群发病时应及时销毁。

3）防治蜂螨和细菌、真菌等病害时，要在生产蜂王浆前 15～42 天进行，药剂的选用及用药量，按《蜜蜂饲养兽药使用准则》（NY5138—2002）的规定执行，并记录保存。

97 生产蜂王浆的工具应如何选择？

蜂王浆台杯要选择结构简单，孔径大小合适，卫生无毒（有生产许可证的企业生产的，即 QS 标志认证）的产品（图9-5）。移虫针、取蜂王浆笔或取蜂王浆器等都要选择卫生无毒的产品。

1）采浆框外围尺寸与巢框一致，长 448 毫米，高 232 毫米。上梁长 480 毫米，宽 13 毫米，厚 20 毫米；边条宽 13 毫米，厚 10 毫米；台基板条宽 13 毫米，厚 8 毫米。每框安装 3 ~ 5 条台基条。台基板条可以自由拆装。

图9-5 塑料王台

2）台基条用无毒塑料制造，每条可以放 25 ~ 33 个杯形台基，台基高 12 毫米，台口内径为 9 ~ 12 毫米。

3）移虫针采用牛角或无毒塑料舌片制成。

4）取浆器具用无毒、不污染蜂王浆的材料制作，也可以采用小型真空吸浆器。选购干净无毒性的塑料瓶（有生产许可证的企业生产的，即 QS 标志认证的）装蜂王浆。

5）其他用具及设备，镊子、刀片、盛浆瓶、冰箱或冰柜、纱布、毛巾、消毒酒精、浆框盛放箱、巢脾承托盘等。

98 生产蜂王浆时如何进行卫生消毒管理？

养蜂人员要有健康证。保持蜂场清洁、卫生、干燥，每周要清理 1 次死蜂和杂草，清理的死蜂要及时深埋。对蜂群做全面检查，清除箱底死蜂、蜡渣和霉变物，保持箱体内清洁。

定地或野外生产蜂王浆都要有专用房间或帐篷，每次生产蜂王浆前后都要用 75% 的酒精对周围环境进行消毒。在操作中，工作人员应穿工作服并戴工作帽。生产蜂王浆的台框、移虫针、取浆笔或取浆器等，每次都要用 75% 的酒精消毒。

装蜂王浆前要用 75% 的酒精对塑料瓶内外进行消毒并风干。

99 如何组织采浆群?

理想的产浆群,单王群在 8 框蜂以上,双王群在 12 框蜂以上。产浆区要求无蜂王,有较多的适龄泌浆蜂和充足的蜜粉饲料,产浆区和繁殖区以隔王板隔开。卧式蜂箱用框式隔王板将蜂王限制在蜂箱一侧,另一侧为产浆区。

当蜂群处于生产与繁殖并重时,在产浆区放置 2 张蜜粉脾,1 张幼虫脾及 2 张封盖子脾,王浆框插在虫脾与粉脾之间。放置蜜粉脾是为了满足哺育蜂的营养需要,放置幼虫脾是为了诱使一部分哺育蜂进入继箱,以提高移虫接受率,增加王浆产量。

在大流蜜期,蜂群以生产蜂蜜为主时,产浆区可以放置 1 张幼虫脾,2 张蜜粉脾,其余可全部放置空脾,以扩大储蜜空间。

产浆群要求蜂、脾相称,或蜂略多于脾。一般是隔板外侧有蜜蜂栖息,副盖内侧有蜜蜂集结。如果蜂量不足,要从小群中提封盖子脾补充,或暂时抽出多余的虫脾,使蜂密集。

100 生产蜂王浆有哪些工序?

蜂王浆生产的主要工序有安装台基、清扫台基、点浆、移虫、下框、补虫、提框、割台、捡虫、取浆、清台、蜂王浆的保存等。

安装台基是将无污染全塑台基条用细铁丝捆绑或粘到采浆框的台基板条上。清扫台基是在开始生产蜂王浆前 1 天,将新组装好的采浆框插入生产群内,让工蜂清扫 24 小时左右。点浆是为了提高初次移虫的接受率,移虫前,用少许新鲜蜂王浆点于工蜂清扫过的台基底部。移虫是用移虫针将 1 日龄的小幼虫从巢脾的房底移出,放入台基底部中央的过程,每个台基移入 1 只幼虫。下框是将移好虫的采浆框及时运到蜂场,插入生产群内的过程。补虫是为了提高接受率,增加蜂群产浆量,于下框后 3~5 小时,提出产浆框,对无幼虫的台基补移 1 次虫龄与原来相近的幼虫的过程。提框是于取浆前,将采浆框从蜂群中提出,轻轻抖落框上的蜜蜂，运到取蜜室，准备取浆的过程。割台是用锋利的刀片，将王台条上的台基加高部分的蜡壁割去的过程。割台时注意要使台口平整，不要将幼虫割破。拉虫是将割掉了台口的台基内浮在王浆上的幼虫——捡出的过程。捡虫时注意，要把不慎割破的幼虫由台基内的王浆内挖出另放。取浆是用刮浆片或吸浆器，将王台中的王浆逐一取出，暂存于盛浆瓶的过程。清台是将未被接受的台基内的蜡瘤，用专用金属片清除干净的过程。被接受的台基和清除干净的台基可以继续移虫，进入下一轮生产工序。

蜂王浆采收完成后立即密封，然后贴上胶布，注明盛浆瓶的皮重、毛重、生产日期、产地、蜜源等，并尽快将其放到冰箱或冰柜中冷冻保存。没有冰箱、冰柜，则暂存于放有冰块的广口保温瓶中，及早送到收购单位。

101) 生产蜂王浆时怎样移虫？

从双王群或辅助群中提出供移虫用的小幼虫脾，扫去脾上的蜜蜂，送到移虫室。移虫、取浆室要清洁、卫生，所用工具要经过消毒。移虫时，用弹簧移虫针或金属丝移虫针从幼虫背面轻轻挑起，放在经蜜蜂整理过的采浆框上的蜡碗或塑料王台的底部。弹簧移虫针移虫方便、迅速，尤其对初学移虫的人更加适宜。移虫时动作必须迅速、准确。小幼虫在箱外暴露的时间越短，越有利于成活。同时要注意保持移虫室的温湿度，如果是露天操作，也要保证操作处的清洁卫生，还要注意遮阴。如果移虫脾在箱外时间过长，要用半湿毛巾覆盖。采浆框移满幼虫后，马上放进蜂群，并在生产群里洒适量的清水，以提高湿度。

102) 怎样采收蜂王浆？

移虫后 60 小时就可以采收王浆。如果移虫时采用较大的幼虫（孵化 30～40 小时），在移虫后 1 小时就可以取浆。采收王浆，先提出采浆框，微微抖蜂。再用湿润的蜂刷扫去蜜蜂。提取采浆框最好在上午 10:00 以后，10:00 以前幼虫浮于王浆上，

10:00以后幼虫浸于王浆中。10:00前后提取采浆框能使王浆产量相差很大。

采浆前，将小刀、镊子、牛角勺、王浆储存瓶等备齐消毒，保持室内及操作人员的清洁卫生。采浆时先用小刀将王台削平，再用镊子取出幼虫，然后用牛角勺、2~3号画笔或竹制小铲将王浆取出。取浆时不可以混入蜡渣。不能使王台剩余王浆，否则会影响产量，而且待下次再取浆时，王台底部会有"硬浆"影响质量。采收后的王浆放在广口冷藏瓶里保存。

103 采收蜂王浆时应注意哪些问题？

1）王浆生产过程中，要根据蜜粉源状况和蜂群群势确定移虫的数量，也就是采浆框的数目和每个采浆框中的蜡碗数量。一般情况下，每个采浆框采浆量超过25克，蜂群中还可以增加1个采浆框。增加的采浆框要与原来的采浆框保持2~3框的距离，两侧也要放小幼虫脾。如果每个采浆框产浆量低于10克，或蜂群内幼虫因缺浆表现出发干时，应停止生产王浆。

2）清洁卫生。目前，生产王浆的整个操作过程都采用手工操作，费工费时。如果用吸浆器采收王浆，可以提高工效，保证洁净。吸浆器由抽吸机和抽吸嘴两部分组成。抽吸机可用牙科上用的脚踏吸血器、小型真空泵、喷雾器、高压锅等改装。抽吸嘴用玻璃管制作，顶端呈球形，球径为6毫米，玻璃管径为2.5~3.5毫米。当抽吸嘴放入王台内，开动抽吸机，就可以把王浆吸出。少量采浆可用细的画笔和特制小骨匙，深入台基底部进行挖、刮采浆。

104 怎样提高蜂王浆产量？

(1) 选用蜂王浆高产蜂种 国内许多蜂场已经选育出高产蜂王浆的蜜蜂，引进高产蜂王浆种蜂王，用其幼虫人工培育的蜂王更换蜂场的蜂王，可以迅速提高全场蜂群的蜂王浆产量，杂交蜂王只使用1代。

第九章 蜂产品生产技术

（2）延长蜂王浆生产期　早春饲喂花粉或花粉代用品，进行奖励饲喂，加强管理，促进蜂群增殖，早日恢复并发展壮大；秋季把蜂群移到有蜜粉源的地方，或者进行奖励饲喂，适当延长生产期。

（3）保证饲料充足　进行短途转地，在有蜜粉源的地方生产蜂王浆。生产群保持 4 千克以上的储蜜和一框花粉脾，缺少时应立刻补足。坚持奖励饲喂，每次每框蜂喂 1:2 的稀糖浆 50～100克。巢内花粉不足时饲喂花粉、糖饼。大流蜜期时生产蜂王浆和生产蜂蜜并重。

（4）保持强群　加一个继箱的生产群必须强壮，要有 20 框以上蜜蜂，使蜂多于脾，蜜蜂密集，经常保持 8 张以上子脾，才能使蜂王浆高产。生产群群势较弱时，从副群（补助群）提来不带蜂的封盖子脾，同时给副群加空脾。生产群达到标准以后，可以将副群的卵虫脾调给生产群，而将生产群里已有部分出房的封盖子脾调给副群。

（5）建立供虫群　副群或双王群可以作供虫群。将空脾加入供虫群，第 4 天提出移虫，移完虫后仍放回原群；第 5 天再提出移虫，移完后把它加到生产群。供虫群提供的幼虫日龄一致，能提高生产效率和蜂王浆产量。

（6）按群势定王台数　蜂王浆的产量是由接受的王台数和每个王台的产浆量决定的。群势强、哺育蜂多的可酌情增加王台数量，并努力提高王台接受率。一个产浆框通常用 4 根王台条，共100 个王台，也可以增加至 5 根王台条。一个蜂王浆生产群在生产旺季，可以加 2～3 个产浆框。

（7）按劳力确定产浆周期　部分蜂场是在移虫后经过 70～72小时取浆，移植的幼虫虫龄以 24 小时以内的较好；按 3 日生产 1批计，1 个月生产 10 批，每批的蜂王浆产量都比较高。也有采用48 小时取浆的，移植的幼虫以 36 小时左右为好；1 个月可以生产15 批、每批蜂王浆的产量比较低、但是 1 个月的总产量要高于 72小时取浆的，适合劳力充足，技术熟练的蜂场采用。

为了弥补48小时取浆蜜蜂饲喂蜂王幼虫的时间太短，框产浆较低的缺点；有的蜂场采取56小时取浆，以2.5天为1个生产周期的方法。采用这种方法，要求为每群多准备一套产浆框，在取浆的当天早晨先向产浆群加入移虫的产浆框。傍晚提出到期的产浆框，取浆后这些产浆框留作下一批生产用。同时把早晨加入的产浆框移到提出的产浆框的位置。

105 怎样正确储运蜂王浆？

（1）**包装** 蜂王浆必须用无毒塑料瓶盛装。装瓶前必须用清洁水刷洗干净，用75%的食用酒精消毒，晾干后方能使用。每瓶净重1千克。装瓶后用医用橡皮膏贴封。

（2）**包装标志** 装蜂王浆的瓶外要示明《蜂王浆专用》和防震动用的"↑"字样。同时用标签写明花种、产地、收购单位、检验员姓名、收购日期和空瓶质量，贴在瓶下部。

（3）**储存与运输** 蜂王浆长期储存，温度以 –18℃为宜。生产、收购和销售过程中短期存放，温度不得高于4℃。不同产地、不同花种、不同时间生产的蜂王浆，要分别（装瓶、装箱）存放。

蜂王浆不得与异味、有毒、有腐蚀性和可能产生污染的物品同库存放。

蜂王浆应低温运输，不得与有异味、有毒、有腐蚀性和可能产生污染的物品同装和混运。

106 怎样加工生产王浆蜜？

王浆蜜是初级产品，制作简便、成本低、服用方便、液体剂型吸收较快，人们乐于接受。

（1）**操作步骤和方法**

1）将蜂蜜加热达到45℃时，先进行粗过滤（60目尼龙纱网），然后进行中过滤（90目尼龙纱网），将蜂蜜中的蜡屑、死蜂、杂物去掉，再将滤液用巴氏灭菌法灭菌。

2）鲜王浆用少量食用酒精稀释。用40~60目的尼龙纱网过滤。将蜡屑、幼虫、杂质去掉。

3）将准备好的蜂蜜和鲜王浆倒入搅拌机内混合，加入苯甲酸钠和香精，搅拌4~5小时停止，静置数小时。

4）将搅拌均匀的王浆蜜进行分装，贴上商标标签，在避光阴凉处保存。

（2）食用方法　王浆蜜每毫升含鲜王浆40毫克，每天早晚空腹时服用5毫升。鲜王浆较蜂蜜比重轻，往往会上浮。因此，每次在服用时，可先用筷子搅拌均匀后再服，切勿将漂浮的白色物扔掉。服用王浆蜜时，可用温开水送服。

107 怎样采收蜂花粉？

蜂花粉是蜜蜂从植物花朵上采集而获得的主要产品，具有丰富的营养成分。在外界蜜源充足时，让采粉的蜜蜂通过安置在巢门前的脱粉器，即可把它们后足上携带的花粉团脱取下来。

（1）生产蜂花粉的工具　一般需要不锈钢或无毒塑料制成的脱粉器和收集花粉的集粉盘，现在也出现了二者一体化的设备（图9-6）。西方蜜蜂脱粉器的孔径为4.8~4.9毫米，东方蜜蜂脱粉器的孔径为4.2~4.6毫米。脱粉器和集粉盘应经常消毒，保持清洁卫生。

图9-6　脱粉器和集粉盘一体化设备

（2）蜂花粉生产蜂群的组织　蜂群应健康无病，群势强壮，一般要有8足框以上蜜蜂，并有大量适龄采集蜂。蜂场周围植物开花面积大，粉源质量好。检查箱内储粉情况，有剩余时才能进行生产。在植物覆盖好、不露泥土的地方放置蜂群。及时清洁蜂箱前壁和巢门板上的沙土，保持洁净，避免污染蜂花粉。

（3）蜂花粉的采收　采粉条件具备后，便安装脱粉器及集粉盘。勤取花粉。大量进粉时，被脱下的花粉团容易堆积在集粉盘内影响蜜蜂出入，应勤收花粉。

（4）蜂花粉的干燥　蜜蜂刚采回的花粉团含水量通常在20%以上，在常温下适合微生物的繁殖生长，使其发酵变质和长霉。同时鲜花粉团质地疏松湿润，容易散团，不宜过多翻动。脱粉器集粉盘的花粉，久置会变成一些糊状物，既无法使用，又会弄脏集粉盘，增添不必要的麻烦。因此，集粉盘中的花粉要及时取出，不得过夜，迅速进行干燥。

花粉含水量在5%以下，一般认为是防止发霉变质的安全点，许多西方国家要求商品性的花粉含水量在4%以下。无论是刚收购的，还是储存过程中因吸水而含水量超过5%的，均应及时进行干燥处理。常用的干燥方法有：日晒干燥法、通风阴干法、土炕烘干法、热风干燥法、化学干燥法、真空干燥法、红外线干燥法等。

1）日光干燥法。用洁净白布放在有太阳光的地方，均匀撒上1~2厘米厚的新鲜花粉，其上再盖一块白布，晒1天后，待花粉稍凉，装入无毒塑料袋，扎紧袋口，密封保存。为防止蜂花粉受潮，以后应用同样方法再次干燥，达到含水量要求（5%以下）。

2）化学干燥。在玻璃干燥器的底部放入适量的化学干燥剂，栅板上铺一层吸水纸或者白布，上面放入花粉团，盖上盖，放置数日。干燥1千克花粉需用2千克变色硅胶，或者1千克氯化钙，或者1千克无水硫酸镁。干燥剂在吸水后，可以加热烘干，反复使用，但是干燥时间长则效率低。

3）通风干燥法。阴雨天，可在室内用一块洁净的布或厚纸铺在桌面上，均匀铺一层不超过1厘米的新鲜花粉（注意避免苍蝇等污染），任其自然干燥。若室内气温较低，可鼓进热风以达到干燥的效果。

4）远红外干燥法。干燥效果好，又有一定的杀菌作用，干

燥温度为 40~45℃。

(5) 蜂花粉的灭菌与杀虫卵

1) 符合商品蜂花粉质量标准的蜂花粉要用 80%~85% 的酒精喷洒。喷洒时把蜂花粉摊开，边喷洒边翻动，再封闭 2~4 小时后取出花粉，置于无菌干燥室内干燥，挥发掉乙醇，包装备用。

2) 有条件的可用钴-60 辐照灭菌或微波灭菌。

3) 有害虫卵的杀灭。

蜂花粉中的有害虫卵不能用高温杀灭，一般采用间隔式的冷冻处理，使虫卵不能孵化，达到安全储存。没有冷冻处理条件的，可以采用溴甲烷或环氧乙烷气熏灭虫，一般气熏 24 小时。

(6) 蜂花粉的包装和保管　花粉干燥至含水量符合标准并经灭菌和杀虫卵后，用双层塑料袋包装、密封、贴上标明品种、产地、农药残留、生产者姓名的标签，便可保管、运输和销售。保管和运输过程中包装袋不能破口，否则花粉会很快吸收空气中的水分而变潮变质。

108 蜂花粉怎样保鲜？

蜂花粉的合理储存以保证蜂花粉的质量为主。储存方法科学，才能防止蜂花粉发霉变质。杀死虫卵，减少花粉有效成分的损失。目前普遍采用以下几种保鲜花粉的方法：

(1) 鲜花粉冷藏法　将新采集的花粉及时放入食品塑料袋或广口瓶等容器内，置于 −20℃ 的低温冰箱或冷库，可以保持数年营养价值不变，这种方法只适宜自收自用就地加工的单位使用。需要将花粉运输到其他单位的均不宜采用。

(2) 加糖混合储存法　将花粉和白砂糖按照 2:1 混合，装到容器里使其紧实，表面再加一层 15 毫米厚的砂糖覆盖，然后将容器口封严，使花粉在常温下保存 2 年。此法适合没有冷藏条件的蜂场或家庭使用。

(3) 自然干藏法　将新采集的花粉及时干燥，使水分含量降到 5% 以下，并装进编织塑料袋或其他容器里，放在 – 20℃ 的冷库里或冰箱中冻 2 ~ 3 天。或用环氧乙烷气蒸 2.5 小时后装袋，杀死花粉中存在的虫卵，可于常温下储存，但至多可保存 1 年。

（4）仿制蜂粮储存法　在 1 千克新鲜花粉里加上 0.5 千克左右成熟的蜂蜜，放在棕色的玻璃瓶内，可保存半年以上。

109 怎样生产蜂蜡？

蜂蜡是由工蜂的蜡腺分泌出来用于建造巢脾的脂肪性物质。蜜蜂分泌蜂蜡的能力大约为 2 万只蜂一生能分泌 1 千克蜂蜡。1 个强群 1 年中在春夏季能分泌蜂蜡 5 ~ 7.5 千克。采取以下措施，可以提高蜂蜡产量。

（1）多造新脾　旧巢脾是制取蜂蜡的主要原料。多淘汰旧脾，多造新脾，造成 1 张新脾可以生产 50 ~ 70 克蜂蜡。一个蜂场 1 年应淘汰 30% 的旧脾。

（2）加宽蜂路　在大流蜜期，加宽蜜脾之间的蜂路，蜜蜂就会把蜜脾加厚，取蜜时，把加厚的部分连蜜盖一同割下来，可以增产蜂蜡。

（3）加采蜡框　采蜡框可用巢框改制。在巢框的 2/3 高度处钉 1 根横梁，再将上梁拆下，在两侧条的顶端各钉一铁皮框耳，活动框梁放于铁皮框耳上。横梁的上部用来收蜡，只需在上梁下面粘一窄条巢础，蜜蜂就会很快造出自然脾，收割后继续让蜜蜂造脾。横梁下面镶装巢础，修造好的巢脾可供储蜜和育虫。根据蜂群强弱和蜜源条件，每群蜂可以放置采蜡框 1 ~ 3 个，放于蜜脾之间。

（4）日常积累　生产蜂王浆时，蜡碗连续使用 7 次就要更换。在每次采收蜂王浆时，削平王台口，也可以获得一些蜂蜡。平时检查和调整蜂群时，随时收集赘脾、蜡屑、雄蜂房盖和清除的王台。注意日常积累，1 群蜂 1 年可以多收 50 ~ 200 克蜂蜡。

（5）蜂蜡原料加工方法

1）日光晒蜡法。利用日光把旧巢脾、赘脾和蜡盖等晒化，熔蜡集中流入接蜡盘内。日光晒蜡器是一个大木箱，底部安有导热性能好的镀锌铁板，上盖安装双层玻璃，透光性和保温性都好。晒蜡器使用时，按南低北高向太阳倾斜放置，蜂蜡熔化后，从下面的缝流出。

2）加热熔化压榨法。把旧巢脾从巢框上取下，放入锅内，加一些水，加热煮熔后与水一起倒入麻袋中，趁热用石头和杠杆把蜡和水一起压出，流到下面的大盆里，冷却后，蜂蜡凝成蜡块浮在面上。也可以把巢脾装进麻袋一起加入到有水的锅中加热，蜂蜡熔化后自然浮于水面，凝成蜡块。如果蜂场没有条件提取蜂蜡时，可临时加水加热熔化后冷却成混有杂质的蜡块保存，或把渣捞出另放。

3）加工原则。中蜂蜡质量高，不要与意蜂蜡混合加工。熔蜡时必须加水，避免蜂蜡直接与锅底接触，温度过高会使蜂蜡颜色加深，影响蜂蜡的色泽，蜂蜡极易着火，熔蜡时一定要注意防火。

110 怎样生产蜂胶？

蜂胶是蜜蜂采集植物的枝条、叶芽及愈伤组织等的分泌物与上颚腺、蜡腺等的分泌物同少量花粉混合后形成的黏性物质。蜜蜂会自动用蜂胶填补蜂巢中的缝隙，将其收集起来，即可以得到蜂胶。一般可从人为制造的缝隙（如采胶器），或者纱盖上采集。

生产蜂胶可以在一年四季进行，但主要的产胶季节是夏季和秋季。产胶与蜂群的群势、蜂种（中蜂不产胶）、胶源植物的种类等因素有关。

（1）蜂胶生产的条件

1）蜂种。选用蜂胶优质高产蜂种，如高加索蜂、东北黑蜂等。

2）胶源植物。要有泌胶丰富的树种，如杨树、桦树、松树等。蜂场半径3千米范围内至少有一种胶源植物，并且没有受到农药、有毒和有害物质污染。

3）采胶器具。巢框集胶器、格栅集胶器、巢门集胶器、继箱集胶器、集胶副盖和竹制刮刀。

（2）蜂胶生产方法

1）直接刮取法。用竹制刮刀从副盖、继箱、蜂箱口边沿、隔王板、巢脾与箱体、巢脾框耳下缘及其他部位直接刮取蜂胶。

2）盖布生产法。

① 准备盖布。盖布以白棉布为材质，每块盖布尺寸与蜂箱副盖边长一致。

② 放置盖布。单层盖布放置：在巢脾横梁上横放 3~5 根木条，使盖布与上框梁保持 0.3~0.5 厘米的空间，促使蜜蜂直接在盖布上积聚蜂胶。双层盖布放置：在盖布下加一块与盖布大小一致的白色尼龙纱，并按单层盖布的放置方法使盖布尼龙纱与框梁形成 0.3~0.5 厘米的空间。

③ 取盖布。放置盖布 20~30 天后，根据蜂胶在盖布或尼龙纱积聚的情况，从蜂群中取出盖布或尼龙纱。

④ 采收蜂胶。常温取胶：把取出的盖布或尼龙纱平放在干净的木板上，压平，经太阳晒软后用竹制刮刀刮取。低温取胶：把盖布或尼龙纱放进冰箱或冷库，待蜂胶冷冻变脆，直接卷曲或敲搓蜂胶。也可以直接将含有蜂胶的盖布销售给蜂胶提取厂。

3）集胶器生产法。

① 集胶器的准备。采购常见的集胶器如网栅式集胶器（图 9-7）、多功能王栅采胶副盖等。

② 放置采胶器。将网栅式集胶器或多功能王栅采胶副盖等类型的集胶器放置于蜂箱巢脾顶部，检查并堵严蜂箱的缝隙。

③ 采收蜂胶。常温取胶：每月根据蜂胶积聚情况，用竹制刮刀直接从集胶器上刮集蜂胶。低温取胶：把集胶器从蜂群中取出，放进冰柜或冷库内冷冻，待蜂胶变脆后直接敲击或刮取蜂胶。

（3）包装 收集后的蜂胶及时密封，包装要牢固、防潮、整洁，便于装卸、仓储和运输。产品按照产地、胶源、规格分别包

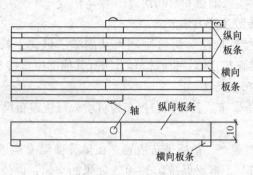

装，包装场地要清洁卫生，远离污染源。

图 9-7　网栅式集胶器（单位：mm）

在蜂胶包装上贴挂标签，标志内容包括蜂场名称、场主姓名、毛重、皮重、净重、产地和生产日期。

（4）储存和运输　将蜂胶储存在阴凉干燥、清洁卫生的场所，避免日晒雨淋及有毒有害物质的污染。不得与有毒、有害、有异味、有腐蚀性和可能产生污染的物品同处存放。

运输前检查标签是否完整清楚；运输工具干净无污染，不得与有毒、有害、有异味、有腐蚀性和可能产生污染的物品同装混运；运输过程中避免高温，防止暴晒和雨淋。

（5）保证蜂胶优质高产的技术措施

1）优质高产蜂种。从育种单位引进蜂胶优质高产品种，培育强群，把握时机，夏秋两季多采胶。

2）健康的蜂群。生产蜂胶的蜂群必须健康无病。

3）提高蜂胶纯度。采集蜂胶，应避开蜜蜂增繁期。交尾群、新分群、换王群也不宜立即生产蜂胶，避免蜂胶中蜂蜡含量过高。

4）防止污染。采收的蜂胶要及时包装，防止蜂胶中的挥发性物质挥发和受到污染。

111 蜂毒是怎样产生的?

蜂毒是蜜蜂毒腺和副腺分泌的具有芳香气味的透明毒液，储存在毒囊中，刺螫时由螫针排出，每1万只蜜蜂只能采集1克纯蜂毒。新出房的工蜂毒液很少，随着日龄增长，毒囊中的毒液逐渐增加，到第15日龄时，1只工蜂的蜂毒量约为0.30毫克，达到守卫龄（18日）后，毒液不再增加。毒液一旦被排出毒囊后，再也得不到补充。刚羽化出台的蜂王毒腺很长，约3倍于工蜂，储毒量约为工蜂的5倍，用于螫刺并刺死其他蜂王。蜂毒中的主要成分是蜂毒多肽类、酶类、组胺类及一些高活性物质，其中蜂毒肽占蜂毒的50%以上，具有极高的药用价值。

112 怎样收取蜂毒？

（1）原始取蜂毒方法 用镊子夹住工蜂双翅或胸部，让被激怒了的蜜蜂螫刺一张滤纸，便蜂毒留在纸中，而后用蒸馏水冲洗滤纸，蜂毒溶入水中，经蒸发干燥即可获得粉末状蜂毒物质。用这种取毒方法，被取毒的工蜂均要死亡，而且取毒量小。

（2）乙醇麻醉取毒法 在一个大玻璃容器中，放入大量工蜂，在容器底部放入适量乙醇，工蜂吸入乙醇挥发出气体而被麻醉时即行排毒，毒汁汇集到容器底部。将被麻醉的蜜蜂取出，经过一定时间，蜜蜂苏醒后即可继续外出采集。这种方法虽然能得到大量蜂毒，但蜂毒不纯净。

（3）电刺激取毒法 当蜜蜂受到电流刺激时，即会收缩腹部，排出蜂毒。经电流刺激过的工蜂仍可继续外出采集。具体操作为：将取毒器置于蜂箱的巢门口，接通电源。工蜂进出巢门时钢丝上（用铜丝也可，但钢丝更易于平直），触电后，立即将螫针插入蜡纸，并将蜂毒注在蜡纸上，随之更多工蜂涌到取毒器上。等到挤满工蜂，约2~3分钟后，切断电源，使已排过毒的工蜂拔出螫针飞走，螫针不会留在蜡纸上，故不会伤害蜜蜂，经试验，蜜蜂都很好地继续生存下去。再接通电源，第二次重复前工序。此时，若巢门工蜂减少，可适当敲震蜂箱，以刺激老蜂外出（幼蜂不会出巢）排毒。

⚠️ **【注意】** 蜜蜂触电后，会释放出大量的报警气味，蜂群变得极为骚动。此时应当将电刺激取毒器移到另一个蜂箱取蜂毒。

电刺激取毒最好是在流蜜期结束后，充分利用老工蜂取蜂毒，这样不会影响蜜蜂正常的生产与活动。

113 怎样采收雄蜂蛹？

采收雄蜂蛹最好的时间是意蜂产卵后 21～22 天，中蜂应提早一天。若过早采收，则所收蛹含水过多、太嫩。易破碎，而且难采收。但若采收太迟，则雄蜂蛹的几丁质硬化了，影响食用和营养价值，所以应把握采收的准确时间。

取蛹时间环境要清洁，工具必须消毒，首先把雄蜂蛹脾上的边角蜜摇出，让蜜蜂清理干净。接着双手紧握两框，轻轻磕几下，使蛹身下陷到房底，此时蛹头与巢房之间便空出 3～4 毫米的间隙。然后用锋利长刀割去蛹房盖，再提起蛹脾扫净脾面上的房盖、蜡屑等杂物。最后翻转巢脾，用木棒在框架轻轻敲几下就可以震出大部分雄蜂脾。若有少量的雄蜂蛹倒不出来，可以把蛹脾平放在巢框上轻轻磕出。取出后对老嫩不一或个别伤口破损的蜂蛹，应及时挑出淘汰。盛接蜂蛹的容器以竹编筐或无毒塑料浅筐为宜。也可以用空气压缩采收。

1）蛹的储存：蜂蛹取出后极易腐败，一般要求 1 小时内及时加工或者置于冰箱里储存。如果蜂场既无加工能力又无冷藏设备，则应及时送到已约定好的加工厂加工，或送到附近冷库储存。

2）蛹的运送：先不要从蛹脾上取出，应将蛹脾上的蜂抖掉，装入继箱送往加工厂采收交售。一般在常温下 6 小时以内蜂蛹不会死亡，鲜活蜂蛹可在 -15℃下保存 3～4 天。

—第十章—
蜂产品的保健功效及营销技巧

114 蜂蜜的保健功效有哪些？

【功效1】 润肺止咳。蜂蜜有消炎、祛痰、止咳等功效。

(1) 蜂蜜白萝卜 蜂蜜白萝卜是健胃消食、化痰止咳、润燥、养肺、益气之佳品，并对感冒发热、咽喉肿痛、风湿关节痛、便秘者有较好疗效。

方法：先在每段白萝卜上切0.5厘米的厚片作为盖子，再用勺子在白萝卜中间挖个洞做成萝卜盅，盅中倒入蜂蜜、放入枸杞2~3粒，盖上盖子，用保鲜膜封紧盘子，放入锅内加盖，大火隔水清蒸1小时即可食用。

(2) 蜂蜜梨 肺燥热咳患者可取甜梨1个，去皮和核，然后切薄片拌蜂蜜吃，每日数次，1星期内即可见效。

【功效2】 抗菌消炎、促进组织再生。据记载，古希腊马其顿国王亚历山大大帝在出征后死去，他的尸体就是被浸在蜂蜜中运回马其顿的首都埋葬的。优质的成熟蜂蜜在室温下保存数年不会腐败，表明其防腐作用极强，但蜂蜜最好鲜食，以免有害成分——羟甲基糠醛超标。

科学试验证明，蜂蜜对链球菌、葡萄球菌、白喉杆菌等革兰氏阳性菌有较强的抑制作用。德国的最新研究证实，蜂蜜具有抗菌能力，可以治疗难以愈合的伤口，它的效果甚至比抗生素还好。

方法：在处理伤口时，将蜂蜜涂于患处，可减少伤口液体渗

出，减轻疼痛，促进伤口愈合，防止感染。

蜂蜜的抗菌作用机制主要有以下几个方面：

1）蜂蜜的高渗透作用。蜂蜜是一种饱和甚至过饱和的糖溶液，只留下极少量的游离水可供微生物利用。

2）蜂蜜的酸度。天然蜂蜜是酸性的，pH 一般为 3.2 ~ 4.5，而大多数病原菌生长繁殖的适宜 pH 多为 7.2 ~ 7.4，因此蜂蜜不利于细菌生长。

3）来自蜜蜂的抗菌因素。蜜蜂唾液腺、蜜腺分泌的溶菌酶和葡萄糖氧化酶等具有抗菌作用。

4）来自蜜源植物的抗菌因素。蜂蜜是植物花分泌的蜜汁，因此带有某些植物的杀菌物质。主要有黄酮类化合物；挥发性物质，如桉叶油、芳樟醇、苯甲酸等；其他抗菌成分，如 3，4，5-三甲氨基苯甲酸等。

【功效 3】 调节胃肠功能、促进消化。研究证明，蜂蜜对胃肠功能有调节作用，可以使胃酸分泌正常。蜂蜜有增强肠蠕动的作用，可显著缩短排便时间。

蜂蜜对结肠炎、习惯性便秘有良好功效，且无任何副作用。蜂蜜可使胃痛及胃烧灼感消失，红细胞及血红蛋白值增高。患胃十二指肠溃疡的人，常服用蜂蜜，也有辅助作用。

土豆配蜂蜜，胃肠保健康。生土豆外用时具有消炎、消肿的功效；熟土豆具有益气强身、和胃调中、健脾胃的作用。蜂蜜有润肠、通便、润肺止咳的作用，对于治疗便秘、胃溃疡等疾病都有良好的辅助作用。

方法：将土豆煮到半熟时，即可放入适量蜂蜜搅拌，再用文火煮一会儿，待蜂蜜味道浸入土豆，土豆变软时，即可起锅食用。早晚各 1 次。空腹吃可以直接覆盖胃黏膜，能提升治疗效果。

▲【注意】 胃溃疡或十二指肠溃疡，建议在饭后 1.5 ~ 2 小时后喝蜂蜜水。

【功效4】 美容养颜。将新鲜蜂蜜涂抹于皮肤上，能起到滋润和营养作用。

方法：

1）蜂蜜面膜：用蜂蜜加 2～3 倍水稀释后，涂敷面部，按摩面部 10 分钟。

2）甘油蜂蜜面膜：取 1 份蜂蜜，半份甘油，3 份水，加适量面粉，混匀后涂敷面部，每次 20 分钟左右，再用清水洗净，可使皮肤滑嫩细腻。

3）蛋蜜膜：鸡蛋一只，取其蛋清，蜂蜜一匙，搅拌均匀涂在面部后进行按摩，待自然风干后，用清水洗净，每周 2 次，具有润肤去皱、养颜美容的功效。

4）葡萄汁蜂蜜面膜：在一匙葡萄汁中加入一匙蜂蜜和少量面粉，敷面 10 分钟后用清水洗去，油性皮肤常使用此法，能使皮肤滑润、柔嫩。

5）冬季皮肤干燥，可用少许蜂蜜调和水后涂于皮肤，可防止干裂。

【功效5】 保肝护肝。蜂蜜对肝脏有保护作用，能促使肝细胞再生，对脂肪肝的形成有一定的抑制作用。蜂蜜对肝脏的保护作用，能为肝脏的代谢活动提供能量准备，能刺激肝组织再生，起到修复肝损伤的作用。

方法：慢性肝炎和肝功能不良者，可常吃蜂蜜，以改善肝功能。

【功效6】 抗疲劳。蜂蜜含丰富的葡萄糖和果糖，约占糖总含量的 65%～80%；蔗糖极少，不超过 8%；果糖和葡萄糖可以被人体快速吸收利用，改善血液的营养状况。人体疲劳时服用蜂蜜，15 分钟就可以明显消除疲劳症状。

在所有的天然食品中，大脑神经元所需要的能量在蜂蜜中含量最高。

方法：脑力劳动者和熬夜的人，冲服蜂蜜水可使精力充沛。运动员在赛前 15 分钟服用蜂蜜，可以帮助提高体能。

【功效7】 促进儿童生长发育。日本东京大学研究人员经过大规模临床试验表明，服用蜂蜜的幼儿与服用白糖的幼儿相比，前者体重、身高、胸围和皮下脂肪增加较快，皮肤较有光泽，且少患痢疾、支气管炎、结膜炎、口腔炎等疾病。

方法：体弱多病、体质较差的儿童可多食蜂蜜；患佝偻病的学龄前儿童，每天可分 2 ~ 3 次服用 30 ~ 50 克蜂蜜，可改善佝偻病症状。患感冒的儿童，每天 2 次，每次饮一杯蜂蜜水，可以促进感冒痊愈；睡眠不好的儿童，在睡前 30 分钟喝一杯温蜂蜜水，上床不久便可以安然入睡。但周岁以内的婴儿不适宜服用蜂蜜。

【功效8】 改善睡眠、促进钙吸收。蜂蜜可以缓解神经紧张，促进睡眠，并有一定的止痛作用。蜂蜜中的葡萄糖、维生素、镁、磷、钙等能够调节神经系统，促进睡眠。蜂蜜中含有的多种酶、维生素和矿物质，发生协同作用后，有清肺解毒、提高人体免疫力的功效。实验研究证明，用蜂蜜饲喂小鼠，可以提高小鼠的免疫功能。

方法：每天用 1 ~ 2 匙蜂蜜，以一杯温开水冲服或加入牛奶中服用，对身体有良好的滋补作用。

国外常用蜂蜜治疗感冒和咽喉炎，方法是用一杯水加 2 匙蜂蜜和 1/4 匙鲜柠檬汁，每天服用 3 ~ 4 杯。

【功效9】 保护心血管。蜂蜜有扩张冠状动脉和营养心肌的作用，改善心肌功能，对血压有调节作用。

方法：患心脏病者，每天服用 50 ~ 140 克蜂蜜，1 ~ 2 个月内病情可以改善。高血压者，每天早晚各饮一杯蜂蜜水，也有益健康。动脉硬化症者常吃蜂蜜，有保护血管和降血压的作用。

【功效10】 健康长寿。苏联学者曾调查了 200 多名百岁以上的老人，其中有 143 人为养蜂人，证实他们长寿与常吃蜂蜜有关。蜂蜜促进长寿的机制较复杂，是对人体的综合调理，而非简单地作用于某个器官。《神农本草经》把蜜列为有益于人的上品，古希腊人认为蜂蜜是"天赐的礼物"，而印度的《吠陀经》则说蜂蜜可益寿延年。我国梁代名医陶弘景说过："道家之丸，多用蜂蜜，修仙之人，单食蜂蜜，谓能长生。"

蜂蜜含有大量的葡萄糖、果糖、丰富的矿物质、维生素和酶等，是自然界中营养丰富、养颜益寿、润肺滋补的佳品。蜂蜜具有"百花之精"的美名，一直被看作是"大自然赠予人类的贵重礼物"、"使人愉快和保持青春的药物"。民间很早就广泛认为它是延年益寿的珍品。

115 蜂王浆的保健功效有哪些？

新鲜蜂王浆是乳白色或淡黄色的黏稠状液体，具有酸、涩、辣味等，在乙醇中部分溶解，产生白色沉淀，放置后分层。部分可溶解于水，呈悬浊液。

新鲜蜂王浆含水分65.5%，干物质中，蛋白质12.3%，脂肪6.46%，可直接被吸收的糖12.49%，灰分0.82%。此外，还有激素和其他活性物质。

【功效1】 延年益寿。日本是世界上最大的蜂王浆消费国。1992年消费400吨（占世界总量的60%左右），且以每年10%的速度递增。

王浆中的SOD、谷胱甘肽过氧化物酶（GSH-PX）等可以清除自由基，抗衰老。谷胱甘肽过氧化物酶为生物体中清除过氧化氢和其他有机过氧化物的脱毒酶。

王浆可以促进内分泌和新陈代谢、细胞再生、组织代谢改善，使衰老和受伤组织细胞被新生细胞所代替，使功能正常化，故能延年益寿，号称"长寿因子"。

【功效2】 防治心血管疾病。王浆中的磷脂有降低血中胆固醇（血脂）的作用。因此长期服用蜂王浆对冠状血管疾病、恶性贫血和动脉粥样硬化有预防作用或治疗效果。

蜂王浆还可以辅助降低血糖，王浆含有类胰岛素，类胰岛素可以降低血糖，是治疗糖尿病的特效药物。

表 10-1　蜂王浆对蜜蜂的作用

组　　别	试验样本	发育时间	发育结果	繁　殖	体　形	体　重	寿　命
终身喂王浆组	1 日龄幼虫	16 天	蜂王	日产卵1000 粒	2 倍	1～2 倍	3～6 年
1～3 日龄喂王浆组	1 日龄幼虫	20 天	工蜂	生殖系统不完善	1	1	1～6 月
对比	1 日龄幼虫	少 4 天	差异显著	繁殖力提高	体型变大	体重提高	寿命增加 10 倍

蜂王浆含有人体必需的维生素达 10 种以上，能平衡脂肪代谢和糖代谢，可以降低肥胖者的高血脂和高血糖，非常适合肥胖型糖尿病患者。

【功效 3】　保护肝脏。蜂王浆中的蛋白质、碳水化合物对肝组织的损伤有修复作用，对肝中毒有解毒作用。脂类物质可以促进肝细胞再生，提高血浆蛋白量，增强免疫功能及代谢能力。

蜂王浆对治疗肝病也有明显效果，用药后 3～14 天患者的各种症状明显好转，肿大的肝脏在 3 日左右显著缩小，血清转氨酶在 10 天左右下降 40 单位以上或恢复正常。

蜂王浆对肝脏病能标本兼治，无毒副作用。其作用机理主要是增强免疫功能、抗菌抗病毒、促进肝组织再生、抑制储脂细胞活化作用、增强氨基酸的保肝作用、均衡营养和调节代谢作用等。

【功效 4】　镇静安眠。王浆中含有的多种氨基酸是大脑神经的递质。其中甘氨酸能抑制脑神经细胞的活动，天冬氨酸和谷氨酸都能兴奋脑神经细胞。前者每 1000 毫升含 23 毫克，后两者含 34 毫克。

用量：为了达到催眠目的，一次需服用 20～30 克。

【功效 5】　健脑益智。蜂王浆中的磷酯类、类固醇和有机物质，对神经系统及身体发育有十分重要的作用。

磷酯类可以提高大脑记忆力，增强大脑活动。发育欠佳的少年、高考前的学生及老年人，服用王浆是很有益处的。

鲜王浆中的牛磺酸（每100克平均含游离牛磺酸20.8毫克）远远高于母乳中的含量（5毫克）。蜂王浆里丰富的牛磺酸，不仅有益于成年人的保健，而且对于促进儿童的大脑发育有重要作用。

【功效6】 增强造血功能。蜂王浆能刺激血中铁的运输，增加红细胞的数量和直径、血小板的数量和网状组织细胞的数量，不定期能使白细胞减少，使造血功能保持旺盛的活力。

蜂王浆含有的铁等元素为血红蛋白的合成提供了原料，蜂王浆中的B族维生素可以进一步提高生血、造血功能。对儿童和女士的贫血效果显著。

【功效7】 美容润肤。

1）王浆中含有多种天然激素，如肾上腺素和去甲肾上腺素，能调节其他激素分泌，抑制皮脂腺过多分泌脂肪。

2）蜂王浆中的维生素A、B_6、B_2、烟酸等能改善脂肪酸代谢，使毛穴不易角化，不变狭窄。用维生素E配合蜂王浆制成的美容品，可以减少面部皱纹，消除粉刺。烟酸、维生素A、锌等可以有效防止皮肤粗糙。维生素B_6、肌醇、乙酰胆碱等，可以增强血管弹性，使血液流通顺畅，增强和改善毛细血管功能，促进血液将营养物质运送到皮肤层。

3）蜂王浆中的10-羟基-2-癸烯酸以及有机酸，能有效地抑止毛囊细菌繁殖。

4）蜂王浆含多种活性酶，可以调节神经系统，稳定情绪，使人心情舒畅、精力充沛，并能消除疲劳，减少紧张，使人维持良好的心理状态从而达到美容的目的。

蜂王浆美容配方如下：

配方1：王浆面膜。脸洗净，用手蘸少许蜂王浆均匀地搽在脸上，并轻轻按摩面部2～3分钟。10分钟后就会感觉到脸开始有紧绷感，20分钟后完全干透，用清水洗净，再搽点护肤霜即可。

配方2：除皱护肤膏。将蜂王浆研细，加等量的浅色蜂蜜，与之混合均匀备用。每日早晚洗脸后取2克于手心，蘸少量水（以不黏手为宜）轻轻揉敷到面部，30分钟后洗去。

配方3：甘油祛痘配方。蜂王浆5克，甘油10克。将蜂王浆研磨细，与甘油混合，充分搅匀，早晚各1次涂抹于患处，适用于面部痤疮患者。

配方4：增白祛皱花粉配方。蜂王浆20克、破壁蜂花粉20克、蜂蜜20克，三味混合调匀，制成膏，每日睡前洗脸后，取少量涂于面部，揉搓片刻，第2日清晨洗去。可营养皮肤，增白养颜，美容去皱。

配方5：润肤蛋洁面配方。蜂王浆5克，鸡蛋清1/2个。将蛋清打入碗中，调入蜂王浆，搅匀，存入冰箱中。温水洗脸后，取2~3克揉搓到面部，保持30分钟，洗去，每日1次。能营养皮肤，滋润皮肤，使皮肤红润细白。

【功效8】 调节内分泌。对中老年人因体质下降而引起的性机能衰退有恢复效果。

1）滋补神经：对预防和治疗因自主神经功能失调而引起的头晕、恶心、食欲不振等综合症状有奇效。

2）治疗更年期综合征：人步入更年期后，表现出脾气暴躁、肩沉、腰痛、头昏眼花、性功能衰退、异常疲劳等症状；主要是由于内分泌的紊乱及植物神经机能失调引起；服用蜂王浆可以调节人体内分泌，症状减轻，性机能得到调理。

【功效9】 预防癌症。蜂王浆抗癌作用的有效成分是脂肪酸类物质，已经确定的抗癌物质为10-羟基-2-癸烯酸。大多数专家认为其对于肿瘤有局部抑制作用，可以调节机体的新陈代谢、维持机体的平衡，增强机体的抵争力。蜂王浆的抗癌作用，临床上已用于胃癌、肠癌等癌症和肺结核的治疗。

116 蜂花粉的保健功效有哪些？

蜂花粉在20世纪70年代初期"初出茅庐"，短短的几年，它以独到的功能和神奇的作用而风靡全球。世界医学界对其医疗保健功能进行了全面的探讨，发现了蜂花粉许多重要的特性。

【功效1】　美容养颜、抗衰老。人体内超氧化物歧化酶（SOD）的提高、过氧化脂质（LPO）和脂褐质含量的降低，有助于延缓机体的衰老。蜂花粉所含的营养成分有助于提高SOD的活性，并降低LPO和脂褐质的含量，从而有增强体质和延缓衰老的作用。

蜂花粉含有丰富的有益于维持身体各系统正常的营养物质如氨基酸、蛋白质、微量元素、酶、激素和维生素，尤其是维生素A和维生素E，可以促进表皮细胞新陈代谢，调节生理功能，改善皮肤营养，延缓机体衰老。

花粉中的维生素、超氧化歧化酶、氨基酸、硒等成分能滋润营养肌肤，恢复皮肤的弹性和光洁；花粉中的肌醇可以使白发变黑，脱发渐生，从而使头发保持乌黑亮丽。其机理在于全面调节人体内分泌系统的平衡，由里及表，从根本上改善皮肤细胞的活力，增强皮肤的代谢机能，防止面部色素沉着、皮肤粗糙、衰老，使皮肤保持湿润、洁白、有光泽、富有弹性。

花粉被称为"可口服化妆品"。试验表明，中年妇女使用花粉化妆品6个月后，皮肤皱纹可消退50%，表皮黑色素可消退20%。

【功效2】　防治心脑血管疾病。花粉中的黄酮类化合物、维生素C、维生素E等能有效清除血管壁上脂肪的沉积，具有软化血管和降血脂的作用。

花粉中含有芸香苷、花青素和黄酮类化合物，能增强毛细血管的通透性和强度，减少毛细血管的脆性，软化毛细血管，因此，可以预防动脉粥样硬化、冠心病、高血压、脑溢血和视网膜出血、中风后遗症、静脉曲张等老年病。

高血压、糖尿病、冠心病这些病都与肥胖有关，其原因是维生素B族供应不足所致，因为B族维生素是机体脂肪转化为能量的媒介。而花粉含有丰富的B族维生素，可以使脂肪转化为能量得以释放，导致脂肪减少，从而达到治病和减肥的效果。花粉既能把肥胖者的高血压、高血糖降为正常，同时又能减肥。

【功效3】 抗疲劳、促进睡眠。蜂花粉能够调节神经系统、改善微循环、促进睡眠，还能促进脑细胞的发育，增强中枢神经系统的功能，并且提高脑细胞的兴奋性，使疲劳的脑细胞更快地恢复。因此，花粉被誉为脑力疲劳的最好恢复剂。

奥地利一家医院曾报道，用蜂花粉可以治疗神经官能症，可以使失眠、注意力不集中和健忘症很快好转。

蜂花粉对于更年期综合征有较好的预防和医疗作用。

【功效4】 防治胃肠炎和前列腺炎。蜂花粉可以调节胃肠系统功能，促进消化，有许多抗菌成分和纤维素，能杀灭大肠杆菌，改善肠道菌群和平滑肌，从而改善肠胃功能，治疗习惯性便秘。

蜂花粉是前列腺炎的克星，能够防治前列腺增生、改善症状，并有治疗慢性前列腺炎的功效；以油菜花粉、荞麦花粉效果最佳。

研究证明，蜂花粉可以调节男性内分泌，恢复膀胱尿道平滑肌的功能。

我国治疗前列腺疾病的有效药物——前列康就是以花粉为原料的，目前从日本、德国进口的前列腺特效药也是以花粉为主要原料。

【功效5】 提高免疫力和性功能。蜂花粉在调节内分泌、提高机体免疫功能、抗衰老、改善性功能、治疗男性不育症等方面有一定的效果。

花粉能促进免疫器官的发育，增强免疫细胞的活性，提高机体的免疫功能。花粉多糖能激活巨噬细胞的吞噬活动，提高人体抗病能力。花粉还具有增加体力，消除疲劳的功效。国内外运动员在参加一些重大比赛时都要服用花粉，作为体力消耗的一种强力补充剂。中国科学院院士、著名医药学家叶桔泉教授认为"花粉是一种营养最全面的食疗佳品，具有强体力、增精神、迅速消除疲劳、美容和抗衰老等作用"。

【功效6】 防癌抑癌。花粉多糖能激活巨噬细胞的吞噬活动，提高人体抗病能力。花粉多糖对移植性肿瘤有抑制作用，特别是能促进与肿瘤免疫密切相关的 T 淋巴细胞和巨噬细胞的活性，增强机体的抵抗力，对肿瘤及其转移起到抑制作用。

花粉中的核酸具有抗癌作用。美国弗兰克博士曾做过小鼠恶性肿瘤疗效的实验，结果表明，注射核酸组中有 10 只肿瘤消失，30 只肿瘤不同程度缩小，而不注射组的 20 只都因肿瘤不断增大而在 10 天内全部死亡，表明核酸有很好的抗癌作用。

【功效7】 保肝护肝。花粉中的黄酮类化合物、维生素 C、维生素 E、维生素 B 同样可以防止脂肪在肝脏的沉积，并能减轻肝脏的炎性细胞浸润和肝细胞变性坏死。

保加利亚的一名医生对 50 名慢性肝炎患者进行了花粉治疗，患者日食花粉 1 次，每次 30 克，2 个月后化验发现，病人病情明显好转。

【功效8】 防止贫血。花粉有利于骨髓造血功能的改善，花粉中的一种生长素还可以促进生长发育，并且可以使患贫血的人血红蛋白迅速增长。蜂花粉含丰富的微量元素，如铁、钴、磷，因而具有促进造血功能的显著功效。

法国研究人员证实了花粉含有骨髓造血所需的大部分营养物质，对防治缺铁性贫血有疗效；经试验，儿童日服 6 克花粉，1~2 个月后红细胞增加 25%~30%，血红蛋白含量平均增加 15%。

117 蜂胶的保健功效有哪些?

【功效1】 广谱抗菌消炎。

1967 年，美国的林登佛尔塞（Lindenfelser）的研究证明，蜂胶对 25 种细菌有抑制作用。

1975 年，中国的房柱等通过实验证明，蜂胶对至少 10 种癣菌有较强的抑菌作用。

1980 年，中国的贺天笙等通过实验证明，蜂胶对 14 个菌种，包括肺炎双球菌、大肠杆菌、绿脓杆菌等，有抑制作用。

1994 年，日本的松野哲也通过实验证明，蜂胶对 16 种菌，包括肺炎菌、大肠杆菌、绿脓杆菌、鼠伤寒杆菌等，有抑制作用。

1996 年，中国的程文显等通过实验证明，蜂胶对于牙周疾病的致病菌，有明显的抑制作用（蜂胶牙膏）。

蜂胶的适用症有：胃溃疡、十二指肠溃疡、鼻炎、咽喉炎、肠胃炎、腹泻、膀胱炎、肾炎、阴道炎、支气管炎、前列腺炎、化脓伤口、创伤、手术切口、烧伤、牛皮癣等。

【功效 2】 防治心脑血管疾病。胆固醇和甘油三酯如果在血管内壁过多积存，将会引起血管硬化，妨碍血液流通，容易导致心脑血管的疾病。而蜂胶中的槲皮素有扩张冠状血管、降低血脂、降血压、抗血小板聚集等作用。

房柱教授的研究证明，蜂胶对高血脂、高胆固醇、高血黏稠度有明显的调节作用，能预防动脉血管内胶原纤维增加和肝内胆固醇堆积，对动脉粥样硬化有防治作用，能有效清除血管内壁积存物，抗血栓形成，保护心脑血管，改善心脑血管状态及造血机能。

南京医学院的李子平教授等，用蜂胶片治疗 42 个胆固醇和甘油三酯都很高的病人。结果证明，蜂胶片对甘油三酯偏高症有持续的、累进的、使之降到正常水平的作用。李子平教授做了用蜂胶降血脂的实验，结果显示蜂胶既能降低甘油三酯，又能降低胆固醇，因此也能防治心脑血管疾病，如高血压、心脏病、脑溢血、中风等。由于蜂胶净化血液有奇效，被称为"血管清道夫"。

苏联尼柯洛夫医生报告了蜂胶液对 42 例高血压病患者的疗效。患者年龄为 45～72 岁，病史为 4～15 年，均属Ⅱ期和Ⅲ期高血压病。患者服用 30% 的蜂胶液，每次 40 滴，每日 3 次，在饭前 1 小时口服，20 天后，37 例患者（88%）的主观症状明显改善，头痛、头晕、耳鸣消失。未见心前区疼痛，心悸和压迫感减轻，体重也减轻。仅 5 例症状无明显改善。其中有 35 例（83.4%）血压下降，收缩压平均降低 20~40 毫米汞柱，舒张压平均降低 10 毫米汞柱。全部病人均易于接受所用蜂胶溶液的治疗，无不良反应。

【功效3】 防治糖尿病。

1）蜂胶中的黄酮类和萜烯类物质具有促进外源性葡萄糖合成肝糖原和双向调节血糖的作用，能明显地降低血糖。

2）蜂胶的广谱抗菌作用和促进组织再生作用，也是有效治疗各种感染的主要原因。

3）蜂胶是一种很强的天然抗氧化剂，能显著提高超氧化物歧化酶活性，服用蜂胶不仅可以减少自由基对细胞的伤害，还可以防治多种并发症。

4）蜂胶有加强药效的作用，在注射胰岛素或服用一般降糖药效果不好时，可加服蜂胶，能大大提高药效，明显降低血糖。

5）蜂胶的降血脂作用，改善了血液循环，并有抗氧化、保护血管的效果，这是控制糖尿病及一切并发症的重要原因。

6）蜂胶中的黄酮类和甙类等物质，能增强三磷酸腺苷酶的活性，它是人体能量的重要来源，有供应能量、恢复体力的作用。

7）蜂胶中的黄酮类物质和多糖物质具有调节肌体代谢，增强免疫能力的作用。因此，蜂胶具有提高肌体抗病力和整体素质，防止并发症的重要作用。

【功效4】 防癌抗癌。蜂胶中含有丰富的抗肿瘤物质。药理试验表明，黄酮类和萜烯类（二萜类、三萜类等）物质具有抗癌活性，一些多糖物质和甙类物质具有很好的强化免疫能力的功能，并有抑制癌细胞活性的功能，萘醌类、木质素等物质均具有抗肿瘤、抗病毒的作用，这些物质的天然成分及相互的协同作用，赋予了蜂胶很好的抗癌效果。

蜂胶中含有丰富的酶类，可以分解癌细胞纤维素，动物实验表明，使用酶治疗癌症，不会产生癌细胞转移。

蜂胶具有强化免疫功能的作用，是纯天然的免疫调节剂，能够刺激免疫机能和丙种蛋白活性，增加抗体生成量，增强吞噬能力，刺激肿瘤坏死因子、白介素和干扰素的生成，从而抑制癌细胞生长和转移，病人生存质量明显改善，生存期显著延长。

1995年，日本林原生物化学研究所研究发现，蜂胶原料中所含的抗肿瘤成分高达5%，尤其是针对白血病的效果极高。

美国的Hldov教授等测定了蜂胶提取物对人鼻咽喉和子宫颈癌细胞系的细胞毒性作用，指出蜂胶提取物显示出最强的抑制癌细胞生长的作用。

Scheller等人用蜂胶提取物对成年老鼠艾氏腹水癌进行研究观察，结果显示，蜂胶提取物的抗癌活性较"争光毒素"的抗癌活性更强。

1997年英国科学家同样研究发现，蜂胶中有一种杀灭肿瘤细胞的物质，其机理是引发肿瘤细胞DNA裂解而凋亡，其效果不亚于化疗制品物5-氟尿嘧啶。

1998年，苏州医学博士生肖东研究证实，黄酮类化合物槲皮素具有较强的抗肿瘤作用，并用分子生物学技术揭示了槲皮素抗肿瘤作用的细胞和分子机理。槲皮素是蜂胶中最具代表性的活性物质。

1998年，中国蜂胶研究小组与中国中医研究院西苑医院联合研究证明，蜂胶在很低浓度下就可以显著抑制肝癌和胃癌细胞的生长。

118 蜂毒的药物价值有哪些？

我国民间自古以来就有蜜蜂蜂毒可以治百病的说法。传统的活蜂针刺疗法就是利用蜜蜂直接蜇叮患者相关的穴位进行治病的。由于实践证明活蜜蜂直接蜇叮，全蜂毒直接进入人体后容易出现疼痛、过敏、红肿，甚至引起休克，再加上蜇叮穴位不易准确掌握，捕捉活蜜蜂又受季节限制，极大地阻碍了活蜂蜂毒针刺疗法的推广。近 40 年来，应用采集蜂毒治疗疾病的实践已经日渐增多，大量医药资料表明，蜂毒能治疗多种疾病，特别对过敏性疾病等确实有可靠的疗效，许多濒于无法医治的风湿症患者都是用蜂毒疗法治愈的。蜂毒对过敏性水肿、血管舒张性鼻炎、慢性风湿关节炎、支气管哮喘、荨麻疹、血管神经性水肿、血管舒张性鼻炎、痉挛性结肠炎等都非常有效。如果将蜂毒和抗炎症激素合并使用，治疗过敏性疾病效果更显著，如果将蜂毒对针灸穴位进行注射，对极难医治的类风湿关节炎和顽固性等麻疹也有良好的疗效。用蜂毒治病的方法很多，最简单易行的是"蜂螫法"，但必须在确认病人无明显过敏反应和禁忌症后，方可采用本法。因此，事先应进行过敏试验。

119 雄蜂蛹的保健功效有哪些？

雄蜂蛹是指蜜蜂雄性幼虫封盖后到羽化出房前这一变态时期的营养体。李时珍的《本草纲目》中有蜂蛹的记载：蜂子（蛹）"甘，平，微寒，无毒……补虚羸，伤中，久服令人光泽，好颜色，不老，轻身益气"等。简言之：具有抗衰老作用。蜂蛹的主要保健功效有：

1）富含多种营养物质，其中维生素 A 的含量大大超过牛肉，维生素 D 的含量超过鱼肝油数倍。医学证明，雄蜂蛹含有几丁多糖，有显著的抗衰老和抗细胞突变的作用。

2）能提高身体免疫力，强身健体，使人精神焕发，对营养不良、体虚乏力有较好的效果。

3）能促进新陈代谢，提高细胞活性，调节神经系统，对神经衰弱、失眠健忘、肾虚阳痿、性功能低下、扶体轻身都有极其明显的食疗作用。

4）含丰富的保幼激素和脱皮激素，这些激素有抑制癌细胞生长、抗癌抑癌作用。

5）含有丰富的谷氨酸、天门氨酸，有益于健脑益智。

120 不同蜜源种类的蜂蜜其保健功能分别是什么?

不同蜜源种类的蜂蜜保健功能可归纳如下表:

表 10-2　不同蜜源种类的蜂蜜保健功能

名　称	功　　效	名　称	功　　效
野桂花蜜	美白嫩肤，祛斑抗皱（蜜中之王）	冬蜜	调理肠胃，养气润肺
槐花蜜	清脂降压，祛皱消斑	益母草蜜	活血祛瘀，调经消水
椴树蜜	美容养颜，嫩白肌肤	荆条蜜	祛风解毒，润肠通便
龙眼蜜	补脑益智，增强记忆	油菜蜜	清热解毒，散热消肿
荔枝蜜	安神镇痛，活络止血	柑橘蜜	生津止渴，润肺开胃
枇杷蜜	止咳化痰，清肺和胃	枣花蜜	补血和脾，养胃疗损
百花蜜	养肝护肝，润肺化痰	桉树蜜	健脾养胃，调理胃病
五倍子蜜	补肾益气，调理体虚	党参蜜	养气补血，静心安身
黄连蜜	清热解毒，消炎祛火	黄芪蜜	固表止汗，利尿消肿
枸杞蜜	明目清肝，滋阴壮阳	紫云英蜜	活血健脾，清肝明目
九龙藤蜜	祛风去瘀，消炎止痛	野坝子蜜	清热解毒，消食化积
野藿香蜜	消暑化浊，开胃止呕	百里香蜜	镇咳祛风，消食驱虫
蜂巢蜜	消炎止痛，治疗鼻炎	乌梅蜜	生津止渴，和胃消食
雪脂莲蜜	清热解毒，滋润肌肤	小茴香蜜	温肾散寒，和胃理气

121 不同颜色的蜂蜜保健功能有差异吗?

最新研究成果表明不同蜜源种类不同颜色的蜂蜜保健功能有差异。南昌大学生命科学与食品工程学院的郭夏利研究了洋槐蜜、紫云英蜜、党参蜜、土黄连蜜、龙眼蜜、枣花蜜共 7 种不同蜜源蜂蜜的化学组成及抗氧化性，为评价蜂蜜的保健功能提供了理论依据。试验采用分光光度法测定了蜂蜜色度、总酚和总黄酮含量；以23种酚类化合物为对照品，利用高效液相色谱法（High performance liquid chromatography，HPLC）测定了蜂蜜中的酚类化合物；最后测定了蜂蜜的抗氧化能力。对上述指标进行的相关性分析表明，色度值越大，蜂蜜中的总酚和总黄酮含量越高；蜂蜜的总酚含量与其抗氧化活性相关性极显著；整体上表现出蜂蜜颜色越深，总酚与总黄酮含量越高，其抗氧化能力越强。这与Jasna的研究结果类似，Jasna等人对斯洛文尼亚地区的蜂蜜色度及其总酚含量进行了测定，并测得颜色较深的蜂蜜类型中总酚含量高，如冷杉蜜、云杉蜜、森林蜜，总酚含量分别为241.4±39.5毫克/千克、217.5±20.6毫克/千克、233.9±21.7毫克/千克。与颜色较浅的蜂蜜相比，颜色较深的蜂蜜总酚和总黄酮含量均比较高。说明不同颜色的蜂蜜在化学组成上存在差异，自然保健功能即有差异。这为消费者如何选购优质的蜂蜜提供了一些参考。因为总抗氧化能力越强，清除DPPH自由基的活性越高，保健功能愈佳。

122 如何简单判断蜂蜜的真假？

现在愈来愈多的人已经认识到了蜂产品的保健价值，但真正下决心购买食用时又有很多犹豫，不差钱，差信任。究其原因是蜂产品真假难辨，尤其是蜂蜜。此处仅介绍一点简单判别蜜蜂真假的办法供参考。不同蜜源采集的蜂蜜具有各自独特的色香味，颜色依次为水白色（洋槐蜜）、浅琥珀色（枇杷蜜）、深琥珀色（龙眼蜜）。纯正的蜂蜜不仅含有果糖和葡萄糖，还含有丰富的维生素、矿物质和细微花粉颗粒。

一般质量好的蜂蜜味甜且具有与花香一致的独特香味，质量差的带有苦涩、酸味或臭味。质量好的蜂蜜含水量少，黏稠性大，在夏季高温时不起泡、胀气、发酸。

要判断蜂蜜真假，除了口尝鼻闻外，还要通过各种理化指标的实验室检测鉴别，采用最新设备检测C4植物糖或高果糖浆

（TLC）进行确认，但这是一般消费者难以做到的。

123 部分国家和地区的蜂蜜质量标准中主要的理化指标有哪些？

表10-3　部分国家的蜂蜜质量主要指标

国别\项目	中国	联合国粮农组织欧洲地区	美国	日本	墨西哥
水分	23%以下	石楠蜜23%以下，其他蜂蜜21%以下	25%以下	23%以下（20℃）。折射率75.5以上	相对密度1.3966以上（水分约21%以下）
还原糖	65%以上	甘露蜜60%以上，其他蜂蜜65%以上	—	65%以上	63.9%以上
灰分	—	甘露蜜1.0以下，其他蜂蜜0.6%以下	0.25%以下	0.4%以下	0.01%~0.25%
蔗糖	5%以下	甘露蜜、刺槐蜜、薰衣草蜜10%以下，其他蜂蜜5%以下	8%以下	5%以下	9%以下
酸度	40mL/kg	40毫升/千克以下	—	40毫升/千克以下	8~52毫升/千克以下
淀粉酶值	8以上	8以上	—	—	一级蜜13.9以上
羟甲基糠醛（HMF）	费氏反应：负	加工蜜不高于40毫克/千克；天然蜜不高于15毫克/千克	—	50毫克/千克	—
水不溶物	—	天然蜂蜜0.1%以下，压榨蜜0.5%以下	—	—	—
其他	不允许有发酵征兆和掺杂可溶性物质	不允许使用食品添加剂	旋光性：左旋	淀粉糊精：阴性	偏光度：20-20

表 10-4 世界上各国针对药残的限量标准

国别	检测项目	限量标准	项目依据	备注
日本	氯霉素	ND	国质检食函〔2006〕308号	
	链霉素	一律标准		
	呋喃代谢物	不得检出		
	四环素族	300ppb	日本肯定列表	
美国	氯霉素	0.3ppb	质检食函〔2002〕50号	
	杀虫脒	20ppb（蜂蜜）		
	碳同位素	蜂蜜C13：<-23.5‰ 蜂蜜C13与蛋白质C13 绝对值之差<1	国检检函〔1992〕315号 国检检函〔1997〕180号	
	氟喹诺酮类	2.5ppb	国质检食函〔2006〕303号	
欧盟	硝基呋喃代谢物	不得检出	出口欧盟动物源性食品残留限量标准和重点检测项目汇编 国检检函〔1997〕180号	待最后确定
	硝基咪唑	不得检出		
	磺胺类总残留	100ppb		
	氯霉素	不得检出		
	链霉素	20ppb		
	杀虫脒	10ppb		
	双甲脒	200ppb		
	碳同位素	蜂蜜C13：<-23.5‰ 蜂蜜C13与蛋白质C13 绝对值之差<1（蜂蜜）		
	洁霉素	10ppb	国质检食函〔2007〕268号	
韩国	氯霉素	0.3ppb	国质检明发〔2006〕9号	2006.2.5更新
	硝基呋喃代谢物	不得检出		

125 怎样感官检验蜂王浆？

（1）颜色 新鲜蜂王浆为乳白色或浅黄色，有光泽。春季的新鲜蜂王浆为乳白色，超过 68 小时转为浅黄色。储藏不当或室温下放置过久，已开始变质者为金黄色。蜜蜂采集的蜜源不同，生产的蜂王浆颜色也不同。如油菜、紫云英、洋槐花期生产的蜂王浆为乳白色，向日葵、荞麦花期生产的蜂王浆为浅黄色。夏秋季蜂王浆稍呈浅黄色。

（2）味道 鲜王浆味酸涩，变质的王浆有臭味，掺假的蜂王浆则味甜、味淡或有异味。

（3）稠度 新鲜蜂王浆有"纽扣形"颗粒，并且多而明显，易从容器内倒出，这是用画笔取浆的一个主要标志。但用吸浆器取的浆为黏糊状，无"纽扣形"颗粒。储藏时间过久的蜂王浆逐渐失去"纽扣形'颗粒，变浓稠，且失去特有的香味。

（4）气泡 一般新鲜王浆无气泡。下列情况下会出现气泡：取浆时被夹破的幼虫体液混入了蜂王浆中；盛浆容器、取浆用具含有水分；盛浆容器未经消毒或容器里留有陈浆，使蜂王浆发酵变质；因储藏时间加长，气泡逐渐增多。

（5）含水量 用一根直径约 5 毫米、长约 300 毫米的玻璃棒，经 75% 的食用酒精消毒，晾干后插入盛蜂王浆的容器底部，轻微摇动后向上提起观察。玻璃棒上黏附蜂王浆的浆液多，向下流动慢，蜂王浆中有小气泡，表明蜂王浆中的水分受热变成气体，浆液可能发酵。浆液稀、色浅，系取浆过早，含水量大；浆过稠、色深，是由于取浆过晚，含水量小。

126 如何区分春浆、秋浆和提取浆？

春浆是春天工蜂王浆腺分泌而成然后经人工采集的。春季万木生长，百花盛开，蜜粉源（尤其是各地油菜花粉蜜）非常丰富的条件下，工蜂此时取食天然粉蜜，营养充足，所分泌出的王浆质地细腻，有较强的辛辣味，生物活性成分含量高，品质特佳。

秋浆顾名思义，在秋季，万木凋零外界缺乏天然粉蜜的情况下，有些养蜂员利用蜂群的有生力量，采用人工喂糖和喂粉的手段，强迫蜜蜂吐浆后人工采集获得的。此时由于蜜蜂营养缺乏，所分泌的王浆质地较粗，王浆酸和蛋白质等营养成分含量低，品质不如春浆。

提取浆是某些不良厂商，为了获取高价值的王浆酸而对王浆进行人为提取后获得的。提取过的剩余物质有效成分大大下降，基本没有营养价值。

127 如何正确食用蜂王浆？

王浆中有许多活性不稳定的物质，怕光怕热，所以保存王浆要求将王浆放入冰箱冷冻室内保存。如果要食用，拿出待稍软即可含咽，随后又放入冻室，这样可减少其酸涩辣的口感，又使其不失去营养活性。最好是早晚空腹食用，忌开水食用，直接口含慢咽，通过口腔黏膜与食道加以吸收，效果最好。胃酸偏多者可在饭后半小时食用。

128 如何简单判别蜂胶产品的优劣？

蜂胶的神奇表现在于它由复杂的化学成分组成。仅黄酮类化合物就发现有数十种（如黄酮、黄酮醇、黄烷醇等），还有多种芳香酯、萜烯类及丰富的硒、钙等微量元素，有天然"小药库"的美称。蜂胶中含的黄酮类化合物可以加快血液循环、清除血液中的杂质，调节人体血糖和血脂的平衡，对糖尿病并发症有改善作用。所以判别蜂胶产品优劣的一项重要指标就是黄酮类物质的含量，市面上每克蜂胶胶囊黄酮类含量多在 40 毫克左右。

129 蜂产品营销面临的现实情况如何？

1）蜂产品未进入消费者主流消费需求。蜂四宝既不是日常消费品，也不是保健品中的首选产品，更不是礼品中的必选产

品，一直游离在消费者可买可不买的需求清单中。

2）蜂产品创新不足。消费者需求的绝非我们现在呈现给消费者的产品，换句话说，产品还是蜂产品，但我们未能将产品价值充分挖掘出来。消费者需求不是简单的告知，而是看到、用到后的惊喜，买功效和实惠的时代早已过去，用营销创新带给客户超值感受的时代已经来临。

3）许多人受到想吃又怕吃的心理所困。就蜂蜜而言，想吃人群是知道蜂蜜的好处；怕吃者则是怕吃到伪劣"蜜"而伤身。

4）渠道整合不足。新时代生产特征信息碎片化、消费随机化、需求多样化，导致销售渠道多业态并存，昔日一种渠道为主，打遍天下的情况已不存在。

130 如何走出蜂产品营销困境？

在此提三点建议供参考：

1）营销创新带来蜂产品价值最大化。我们先看看其他产业这些年是如何创新的。

一个简单的水可以搞出"千岛湖净水""冰川水""27层净化水"等不同价值，更能让消费者在"农夫山泉有点甜"的广告宣传下把纯净水喝出甜味来。产品的价值分使用价值和商品价值，当自己的产品使用价值确定后，就要挖掘更大的商品价值，需要用营销思维去消费者心中寻找答案。

比如，不是卖蜂蜜的甜，而是卖蜂蜜"甜得不一样"；不是卖蜂王浆的营养，而是卖"一瓶能让200只蜂王活1000年的蜂王浆"；不是卖金佛山山中的蜂蜜，而是卖"金佛山山下的长寿神话"！一句"专家忠告，一人每天服用100克蜂蜜不会导致肥胖"就可能会让那些爱吃甜味的人发疯般抢购。

2）蜂产品营销渠道整合代替渠道扩张。市场上有完美的渠道吗？没有！利润好的销量不大，销量大的利润几乎为零。所以在蜂产品行业中如果要出现一个全国性品牌，那么这个企业一定是运作多个渠道的蜂产品企业。否则很难在发展中做大做强。

过去市场空间大，各业态不成熟，我们可以做渠道扩张，县级市场做好了，就做市级市场，还可以跟进省级市场。但现在，举目四望，信马由缰，哪里还有你驰骋的空间？

请记住：谁也无法保证，消费者成为你专卖店的会员后，他一定不会去超市购买；谁也保证不了，超市销量一定连年增长；谁又能确定电子商务获取客户的成本一直低廉？

3）生产、销售既是成熟的真蜂蜜，又安全卫生的放心蜜。

131 产品营销有哪些技巧？

（1）串销术　一个地区或行业把有关企业的销售人员组织起来，串销该地区或行业企业的产品。

（2）联销术　专业化协作或联合横向经营的企业，实行联合经销产品。

（3）包销术　一是对企业销售人员下达销售指标，签订包销合同；二是委托外部代理人包销。

（4）广销术　聘请社会各类人员作为企业产品推销员，利用社会力量推销本企业产品。

（5）配销术　把本企业产品与相配合的其他企业产品配套销售，既方便了用户，又能促进本企业的产品销售，双方的成本降低。

（6）奇销术　采用与众不同的销售方式销售产品，引起用户对企业产销的独特关注和兴趣。

（7）引销术　采用奇特、精美、实用包装或比较实惠的广告宣传方式吸引用户，引起顾客购买欲。

（8）赊销术　以延缓付款时期或分期付款的办法把产品赊销给顾客。

（9）馈销术　先把产品送给顾客使用，使顾客加深了解，引发购买动机。

（10）抢销术　试制成功的新产品，为了抢先占领市场，或争夺开发已被他人占领的市场，实施薄利多销或无利销售，抢占

市场。

（1）**对产品的态度** 蜂产品销售人员认可公司或自己蜂场的同时，也应该认可销售的产品。对产品的自信和对自己的自信是分不开的。

如果销售人员认可公司的产品，那么在与客户的互动沟通之中，会有效地传达给客户这样充满自信的信息，从而能顺利地说服顾客。

对产品的正确态度是：了解产品符合顾客需要的各种特点；找出顾客的需求。

（2）**对自己的正确态度** 首先认为自己很优秀，不断持续地增强自信。即便刚刚开始做业务工作，销售人员也应该充满自信。这样坚定的信念和顽强的意志才能不断鼓舞着销售人员，勇于面对顾客。

―――第十一章―――
区域内主要蜜源植物及放蜂路线推荐

133 重庆区域内有哪些主要蜜源植物？

　　蜜源植物是蜜蜂养殖的物质保障，有花才会有花蜜，有了花蜜才能饲养蜜蜂。要养好蜂、多取蜜、转地放蜂效益高，就必须了解各地蜜源植物的分布及开花泌蜜规律。重庆区域内主要蜜源植物分布及泌蜜规律如下。

　　(1) 油菜

　　【分布和面积】　全市油菜种植面积达 280 万亩，潼南、合川、垫江、梁平、秀山、南川等 19 个区县种植面积就占全市总面积的 2/3 以上。

　　【开花泌蜜规律】　油菜有早、中、晚 3 个品种，从 2 月底或 3 月初始花到 4 月上旬或 4 月中、下旬结束，约 2 个月的时间；油菜流蜜丰富，在部分地区油菜蜜几乎占全年产蜜量的 60% 以上。在气温达到 7℃时油菜就能开花泌蜜，高于 10℃时就能正常泌蜜，18～22℃时泌蜜最涌，但高于 25℃时就会停止流蜜。油菜花瓣一展开就开始泌蜜，次日增多，第 3 天逐渐减少。油菜泌蜜的日变化情况为上午多，中午减少，下午增多。一般在土壤肥沃、深厚、土质好的土壤条件下，油菜植株生长繁茂、花朵泌蜜涌。

　　(2) 柑橘

　　【分布和面积】　全市 40 个区（市、县）中有 31 个区（市、县）种植有一定规模的柑橘，主要分布在江津、长寿、涪陵、忠

县、万州、开县、奉节、巫山等地，据调查统计，种植面积约250万亩，其中江津17万亩、长寿19万亩、涪陵7.5万亩、忠县15万亩、万州38万亩、开县30万亩、奉节18万亩、巫山4.15万亩。主要栽培锦橙、先锋橙、冰糖柑、津华橙、春橙、五月红血橙、椪柑、温州蜜柑、沙田柚、酸橙等数十种优良品种。

【开花泌蜜规律】 重庆地区柑橘受地域差异和品种不同影响而开花期不同。果实采收后花芽开始分化，一般情况下大多数品种3月中下旬开始现蕾，4月上中旬开始开花，4月中旬达到盛花期，到4月下旬进入末花期，5月上旬完全谢花。从现蕾到完全谢花历时一个半月左右，从现蕾到开花约30天，群体花期约20天。柑橘通常一开花就开始泌蜜，花冠呈杯状时泌蜜最多，花瓣平展泌蜜渐少，花瓣反曲泌蜜停止，蜜蜂采集后仍能泌蜜；柑橘泌蜜丰富，据测定，1朵花泌蜜量为30～60毫克；柑橘在土质肥沃疏松的地方生长茂盛、泌蜜量大；在田地里长势较差，植株矮小，花序短，泌蜜量小。

柑橘通常开花就泌蜜，泌蜜最盛期仅4～6天；气温在17℃以上时开始流蜜，在20℃以上、相对湿度为70%以下时泌蜜良好，25℃以上、相对湿度为70%以下时流蜜特好。柑橘开花的适宜温度为19～24℃，泌蜜的适宜温度为20～25℃，一般气温高泌蜜多。柑橘在晴朗温暖的天气全天都泌蜜，蜜蜂从早到晚勤奋采集。柑橘花期不长，花瓣呈辐射状时，若遭遇一夜大风，泌蜜就会结束，所以，柑橘蜜源的流蜜期较之花期更短，单一品种的流蜜盛期仅10天左右，早熟、中熟、晚熟柑橘兼有的地方，流蜜盛期也仅15天左右。

（3）槐树

【分布和面积】 槐树在重庆地区各地都有分布，但主要集中在城口、开县、酉阳、万州、梁平等地，面积达20多万亩；现在主要的品种有刺槐、香花槐、紫惠槐等。

【开花泌蜜规律】 槐树在重庆地区各地开花时间不一，最早在北碚，3 月下旬开花，最晚在城口，4 月上旬开花。刺槐花期短而集中，整个花期约 12 天，初花 2 ~ 3 天就进入泌蜜盛期。槐花泌蜜丰富，花粉少。刺槐开花适温为 18 ~ 22℃，泌蜜适温为 22 ~ 26℃。

（4）龙眼、荔枝

【分布和面积】 龙眼、荔枝主要分布在江津、涪陵等地，栽培较为集中，共有荔枝几万株，龙眼十多万株。

【开花泌蜜规律】 荔枝开花期一般在 4 月上旬 ~ 5 月上旬，大流蜜期 10 天左右，一般群产蜜约 15 千克。龙眼花期为 5 月 10 ~ 5 月 25 日，5 月底花期结束。一般每群蜂可采蜜 15 千克左右。

（5）乌桕

【分布和面积】 乌桕主要分布于酉阳、涪陵、彭水、武隆、黔江、巫山、巫溪、南川等地，约几万公顷，尤以乌江流域较为集中，巫山现有 10 万亩红叶乌桕，江河两岸新种的红叶林树种也以乌桕为主，酉阳也称为"乌桕之乡"。

【开花泌蜜规律】 乌桕由于生长地势与海拔高度的差异，开花期一般相差半月以上，平坝开花早，浅山次之，高山最晚。重庆地区乌桕在 6 月上旬开花，7 月底结束，花期长达 50 多天，最佳流蜜期约一个月；乌桕树 5 ~ 7 年开花，10 ~ 30 年的树开花泌蜜最多。乌桕泌蜜为高温型，18 ~ 20℃时开始泌蜜，25 ~ 30℃时泌蜜最多，低于 18℃或者高于 33℃时泌蜜减少。

（6）荆条

【分布】 主要集中在乌江沿岸的武隆、涪陵及城口的大巴山，其他浅丘地带也有分布。

【开花泌蜜规律】 荆条蜜粉丰富，其开花顺序为：由山脚到山顶，花序基部的花先开，开花逐渐向上。群体花期为 30 ~ 45 天，流蜜 20 ~ 25 天。紫色花流泌量最大，浅蓝色花流泌量中等，白色花泌蜜最少。荆条泌蜜为高温型，适宜的泌蜜温度为 27 ~ 30℃，黄荆条适宜的泌蜜温度为 30 ~ 33℃。

(7) 枣树

【分布和面积】 重庆各地都有分布，但主要集中在武隆10万亩猪腰枣产业基地。

【开花泌蜜规律】 枣树在5月中下旬开花。枣树开花和泌蜜为高温型，14~16℃时现蕾，18~22℃时始花，20℃以上时进入盛花期。枣树泌蜜适温为26~32℃，低于25℃或高于33℃时泌蜜减少。

(8) 乌泡

【分布】 乌泡主要分布在大娄山山脉、大巴山山脉、武陵山山脉、四面山等地。

【开花泌蜜规律】 乌泡7月开花，7月中旬~8月中旬为流蜜盛期。气温在18℃以上的雨后晴天流蜜较多。

(9) 五倍子树

【分布和面积】 主要分布在山区，大娄山脉、大巴山脉、四面山、乌江沿岸、长江沿岸等地有10万亩的成片五倍子树。

【开花泌蜜规律】 五倍子蜜粉丰富，9月开花，群体花期为25~30天。

(10) 玄参

【分布和面积】 主要栽培于南川、开县等地，种植面积达上万亩。

【开花泌蜜规律】 玄参7月下旬开花，9月中旬结束，主干上的花先开，侧枝上的花后开，开花期长达60余天，但要在处暑节令之后，昼夜温差较大时才流蜜，清晨气温在12℃左右时就开始泌蜜，每朵花泌蜜10~20微升。玄参花冠倒挂，不受小雨等恶劣天气的影响，中蜂每群可采玄参蜜10千克左右，西蜂每群可采15~20千克。

(11) 桉树

【分布】 桉树在重庆种植较为普遍，渝西分布较多。

【开花泌蜜规律】 桉树有大叶桉和小叶桉之分。小叶桉7月下旬开花，群体花期为40多天，主要开花流蜜期为25~30天，泌蜜最佳温度为 25～29℃，低于 18℃或高于 29℃时泌蜜减少。大叶桉 9 月下旬开花，花期长达 3 个月，16℃以上时就开始流蜜。

（12）枇杷

【分布】 枇杷在重庆各地均有栽培，永川、江津等地分布较多。

【开花泌蜜规律】 枇杷花期因品种、枝条类型、树势和分布而不同。一般 11 月始开，花期长达 50 多天。气温 15℃时泌蜜，18～22℃时泌蜜最多。在夜有轻霜、日有骄阳、南风回暖、空气湿润的条件下，枇杷泌蜜良好。枇杷大小年比较明显，产蜜量极不稳定。

（13）野菊花

【分布】 野菊花广泛分布于重庆各地。

【开花泌蜜规律】 菊科类品种较多，整个秋冬季节都交替开花。花粉比较丰富，但有的品种也能取到商品蜜。

134 如何根据蜜源情况把握转场方向及时机？

把握转场总体方向的原则是朝向有利于蜂群生活繁衍、提高养蜂效益的方向。一般情况下从春季由南向北逐渐推进，经夏季又由北向南推移。因海拔差异蜜源植物开花泌蜜是春季低海拔地带先开，然后向高海拔地带渐次开放；秋季则由高海拔处先开，再逐渐由高到低推移。除了蜜源开花规律外，还需了解一些植物，尤其是木本植物，常有大小年之分。由于不同蜜源植物泌蜜所需的气温和阳光条件不同，会因各年气候不同而出现明显的流蜜差异。去年流蜜好不等于今年流蜜就好；去年不流蜜不等于今年不流蜜。还要注意如果蜜源植物单一，可回旋余地就小，要有候选蜂场，以避免歉收或绝收。总之无论是大转地还是小转地，只要养蜂者把握这些变化，遵循规律，都可能获得效益。

135 蜂群转地前应该做哪些准备？

转地放蜂，如何正确选择放蜂路线和场地是很重要的。转地

放蜂前，要做好转地目的地的蜜源调查，安排放蜂场地，确定转地日期，预定转地车辆等工作。还要做好蜂群的安全检查，固定巢脾，捆绑好蜂箱，准备随蜂携带的工作用具和生活用品等。

转地放蜂启运之前 2～3 天，对蜂群进行最后检查，调整蜂群的群势，合并无王群，均衡群势。根据转地路途的长短，留足饲料，但不宜过多。喂蜜时应喂浓度较高的清洁蜜，切忌喂稀薄蜜，否则途中蜜蜂会产生"热虚脱"而死亡。调整完蜂群后，即可将蜂包装。将巢脾与蜂箱固定，继箱与巢箱固定牢。同时检查蜂箱是否结实，纱窗、纱帘通气性能是否良好。一切准备就绪后，还要准备好转运途中及到场后所使用的必要用具，如喷雾器、面网、起刮刀、取蜜机、铁锤、铁钉及其他生产用具。转运头天傍晚，关闭巢门。

136 重庆区域内如何选择放蜂路线？

重庆市位于中国内陆西南部，长江上游，四川盆地东部边缘，地形地貌复杂，境内山脉此起彼伏，地势由南北向长江河谷逐级降低。西北部和中部以丘陵、低山为主；东北部靠大巴山，东南部靠武陵山；仅西南部分地区有平坝分布。由于海拔高低悬殊，有"坝下盛花，高山孕蕾"之说，且气候温和湿润，所以蜜源植物十分丰富。春季早油菜、迟油菜相继开花达 2 个多月，夏有柑橘、板栗、槐花、荆条、漆树，秋有五倍子、乌泡、野藿香及各种瓜类、玉米，冬有桉花。开花连续不断的地方，是养蜂、放蜂的好地方。

主要放蜂路线有：

1）到潼南、合川、垫江、梁平等地就近利用油菜春繁→开县、城口等采迟油菜→就近转地采柑橘→再到城口附近采槐花→到高山越夏采五倍子、乌泡→10 月前下坝越冬。

2）到潼南、合川、垫江、梁平等地春繁采完油菜后→就近转地采柑橘、夏橙→再到荆条蜜源区去采蜜→然后再转到高山繁蜂越夏→10 月前下坝。

3）荣昌、潼南、南川等县早蚕豆春繁→就近到油菜蜜源区→城口等县采迟油菜（胜利油菜）→城口附近采槐花→就近采黄荆→就近进入山区采五倍子→转回荣昌、潼南、南川等县采桉花繁蜂。

4）利用重庆市各县的蚕豆、早油菜春繁后→就近到荣昌、永川、江津、南川、垫江、巴中等县采迟油菜→后转地江津、涪陵等地采柑橘、夏橙→然后转到乌江乌桕蜜源地采乌桕→就近到高山越夏→待桉树开花之前进入桉花场地采桉花。

5）利用重庆市各县的蚕豆、早油菜春繁后→进入江津、涪陵等地采荔枝、桂圆→就近采柑橘、夏橙→沿乌江流域采乌桕蜜→采完蜜后将蜂群转入高山越夏繁蜂，然后进入越冬期。

6）利用涪陵地区早油菜繁蜂后→转入高山采迟油菜或柑橘、桐花、山花→5月初转入板栗、山花地区采蜜繁殖后→6月进入乌桕地区采蜜→8月转入乌江两岸采荆条、荞麦，采蜜后越冬。

7）利用各县油菜进行繁蜂采蜜→3月底转地巫溪、云阳等山区采晚油菜→5月中旬转地巫溪、云阳、开县等采乌桕→7月初就近转高山采山花→9月中旬转梁平等采桉花。

137 云南区域内如何选择放蜂路线？

1）滇东北—河口、思茅、版纳线。1~2月在滇东北罗平县国家级油菜春繁基地进行春繁和生产，3月就近转泸西、路南、弥勒、师宗等县的狼牙刺和光叶紫花苕（绿肥）场地。此花期结束后，一部分蜂场沿昆（明）河（口）公路进入滇东南河口县橡胶场地，另一部分转入滇西南思茅、西双版纳橡胶树场地。如果为了提早进入橡胶树场地，也可以不采狼牙刺和绿肥而直接进入橡胶树场地。采橡胶树结束后，退到滇东南砚山、邱北、文山、广南、马关、富宁、弥勒、泸西等县的南瓜、玉米、荞麦场地越夏和秋繁，冬季就在这些地区采集野坝子、野藿香等冬季蜜源。

2）滇中—思茅、版纳线，沿昆（明）洛（打洛）公路辐射。1~3月上旬，东线采玉溪、通海、江川、石屏、建水的蚕豆、油菜进行春繁，西线沿楚雄、双柏、景东、镇源、新平、景谷利用杜鹃花属植物及其他蜜源植物进行春繁和生产，3月中旬沿昆洛公路进入思茅、西双版纳橡胶树场地。橡胶树花期结束后，退回春繁各县，利用玉米、南瓜及其他辅助蜜源越夏，利用荞麦秋繁，就近进入野坝子场地进行冬蜜生产。

在思茅和西双版纳，采橡胶花结束后，可以利用当地益母草（持续至7月）、咖啡进行越夏和生产，10月利用枔木繁殖，但秋季蜜少饲养困难。

3）滇西—德宏、临沧线，沿昆（明）畹（町）公路辐射开。1～3月上旬在滇西腾冲、盈江、梁河、丽江、永胜等县的油菜场地春繁和生产，3月中旬就近进入盈江、瑞丽、畹町、潞西及临沧地区的橡胶树场地，采橡胶花结束后转入双柏、新平、楚雄及滇西各地越夏和秋繁及冬蜜（野坝子）生产，10～12月一部分蜂场继续转入大姚、姚安、永胜、元谋采野坝子。腾冲、潞西等地还有大量的枔属植物和野坝子供冬季生产。

138 甘肃区域内如何选择放蜂路线？

（1）进入甘肃主要蜜源的线路　从云、贵、川进入甘肃的蜂场分三路。

1）一路：3月25日～4月1日从四川、陕西汉中退出的蜂群，通过汽车运输进入陇南的徽县、两当、成县、武都、文县等地采集油菜。4月15日～4月20日期间，在陇南各地采完油菜的这一线蜂群就地不动或小转地分别进入狼牙刺蜜源场地。狼牙刺是甘肃和陕西境内秦岭山脉的一种特殊蜜源，在陇南一带分布广，较集中，主要分布在徽县、两当、成县、西和等县区，花期为4月15日～5月5日，海拔高的地方可延缓到5月15日前后。这一路蜂群采集完狼牙刺后，一是进入天水市境内的晚洋槐蜜源场地；二是到陕西宝鸡、甘肃陇东地区采洋槐。

2）二路：3月上旬～4月上旬采完成都以北油菜的蜂群，转至陕西汉中地区各县采油菜（4月中旬～下旬），或到关中宝鸡、扶风、绛帐、岐山、眉县、周至、咸阳、渭南等地采油菜（4月中旬~5月上旬）或到甘肃东部宁县、正宁、西峰、镇原、平凉、泾川、灵台、崇信、庄浪等地采油菜（4月中旬~5月上旬）。而后有一部分在4月25日~5月5日先后进入陇东的西峰、庆阳、宁县、正宁、合水、崇信、华亭、崆峒、泾川、灵台等地采洋槐，也有的从河南等地采完洋槐的中线蜂场，到这一带赶晚洋槐。

3）三路：4月5日~4月10日先后由四川用火车运到天水，或用汽车从陕西汉中、四川绵竹一带运蜂群到天水的秦城、北道、甘谷、武山、清水、张家川、秦安、庄浪等地采油菜。天水境内的油菜花期为4月5日~4月30日，张家川等海拔较高的地方花期可推迟到5月10日。采完天水油菜的一部分蜂场，直接转到榆中、民勤、武威、景泰等地，采集油菜、籽瓜蜜源。大部分采集了油菜的蜂群可以就地不动或小转地进入洋槐场地进行采集。洋槐是天水等甘肃东部地区最主要的蜜源，它以面积大、长势好、花种单一、蜜质纯、浓度高而闻名。由于开花从南到北，从河谷、平川到深山、高山逐渐推后，花期为5月5日~6月15日，前后长达40天左右，素有立体蜜源之称，每年有大量放蜂者慕名而来。5月5日前后采集完油菜后进入中早期洋槐场地，如秦城的太京、皂郊；北道的社棠、二十铺、街子、伯阳、三阳川；甘谷的六峰、渭阳、姚庄、盘安等地。采完中早洋槐的蜂群还可以小转地到中晚洋槐场地再次采集。这时也有从河南、湖北、陕西等地采完洋槐来天水采集洋槐的，这些来得较晚的蜂场可以到海拔较高的地区和深山区、高山区采集晚洋槐。

（2）大蜜源采后转地路线 6月上旬，在天水、陇东采完洋槐的蜂群分五线进入不同的蜜源区域追花夺蜜。

1）东线：在天水、陇东采完油菜、洋槐的蜂群，小转地进入山花蜜源场地。6月5日~6月10日，先后进入秦岭山脉的小陇山天然林区和次生林区、东部关山林区、子午岭林区，主要放蜂区域有天水的党川、利桥、百花、李子园、娘娘坝、葡萄园、东岔、吴柴、山门、太绿、大关山、小关山、马鹿、长沟河等林

场和张家川、清水、徽县、两当等县的部分地方，还有陕西的陇县、千阳、宝鸡、凤县等地，主要采集的蜜源有漆树、椴树、五倍子、椿树等，花期为6月上旬~7月上旬。7月上旬采完了林区蜜源以后的这部分蜂群，可分三路进入下一蜜源。有一部分蜂群转入西线。7月10日前后，可转到甘肃的甘南高寒湿润区晚油菜和大面积草原中的草花。

2）西线：天水、陇东采完洋槐的蜂群分二路西进甘南、青海。一路是6月10日前后，天水、陇东采完洋槐的蜂群，进入甘肃西南部的甘南州、临夏州和定西市的部分县。这一地区属于青藏高原边缘区域，高寒阴湿地带，分布着大面积的天然草原、人工草场和油菜，主要蜜源植物有油菜、野藿香、紫花苜蓿、飞莲、飞蓬、百里香、黄芩、大蓟、防风、沙参等。蜜源丰富，温度较低，有利于蜂群的越夏、繁殖和生产。蜜源主要分布在甘南州的阿木去呼、夏河、合作、碌曲、临潭、卓尼；临夏州的积石山、康乐、和政；定西的岷县、漳县等地。蜂群进入这些地区，先采集早油菜、山花，而后小转地采集当地的晚油菜、山花或转到甘肃中南部地区采集山花和黄芪、红芪、益母草等中药材蜜源。7月10日前后采完陇东天水林区蜜源的蜂群，进入这一地区刚好赶上采集晚油菜和山花。来甘南一带采完山花、油菜的这些蜂群，8月上中旬，有的就地不动采集草花，繁殖越冬蜂；有的到碌曲、玛曲、若尔盖、红原、甘孜等地采山花，休整后小越冬，然后南下四川、云南；有的转到甘肃中部采党参；有的转到甘肃东部的会宁、天水、静宁、华池、环县、庆阳，陕西的定边、靖边，宁夏的盐池等地采荞麦，然后南下越冬。另一路是6月5日前后采完甘肃东部洋槐的蜂群，直接转到青海东部的西宁、平安、乐都、民和等地采早油菜，采完早油菜后，同另一部分6月底~7月初进入青海的蜂群一道转入蜜源更为丰富的地区采集。进入青海的三向蜂群，一是转入黄河以南的共和、贵德、贵南、同德等地和甘肃马先蒿等地采晚油菜、野藿香、草花。二是向北转到门源、大通、互助、江西沟等地采晚油菜和山花。三是向西转地到海北的刚察、湟源、湟中、农场采集晚油菜和山花。

3）中线：一是 6 月 5 日前后，甘肃中、东部地区采完洋槐的蜂群，直接将蜂转入陇中地区的定西、通渭、陇西、渭源、榆中、白银、会宁、甘谷、秦安、清水等县和甘肃东部庆阳、平凉两市的庆城、环县、华池、合水、镇原、华亭、静宁、庄浪、崇信等县及宁夏六盘山区的西吉、隆德、同原、海原、彭阳、泾源等县。这些地区近几年来随着西部大开发，退耕还林草，进行黄河流域生态环境治理，建造山川秀美大西北政策的实施，植被覆盖面越来越大，牧草面积成倍增长。紫花苜蓿、草木樨、红豆草、地椒、芸芥、野藿香、老瓜头、葵花等蜜源丰富，相继开花泌蜜。

采集这一线路蜜源期间，蜂群可以互相穿插，蜜源利用率高，活动余地大，进退有路，转地费用低。8 月上旬，这些蜜源结束后，向东，可就地或小转地采荞麦，调整蜂群进入越冬，向西、中就地不动或短程转地就可以采集党参蜜源，采完党参后蜂群就地调整小越冬，准备南下。二是有一部分蜂群在 7 月 5 日前后，采完天水、陇东林区蜜源的蜂群，可以到陇西、渭源、临洮、岷县、漳县、武都、宕昌等地采黄芪、红芪、益母草、党参等中药材蜜源。近几年随着农业产业结构的调整，当地政府鼓励农民种植具有地方特色的经济作物。这些地区农民根据当地气候和土质特点，把种植黄芪等中药材作为一项脱贫致富的措施。目前种植的中药材面积大、分布广，是一种非常好的特种蜜源，对蜂群的生产繁殖非常重要。在这一地区赶采特种蜜源的蜂群越来越多。采完黄芪等蜜源后，8 月初，这些蜂群就地不动或短程转地就可以采集党参（潞党）蜜源，或南下文县采集党参（文党）蜜源。党参是甘肃中南部大面积种植的中药材，是特种蜜源，花期长（8 月初~9 月底），蜜粉充足，是夺取高产和繁殖越冬蜂的好场地。

4）北线：采完陇东南部和陕西交界处洋槐的蜂群北上宁夏、

第十一章 区域内主要蜜源植物及放蜂路线推荐

171

内蒙古。一是5月底~6月初进入鄂尔多斯高原采集老瓜头、地椒、骆驼蓬、沙枣、紫花苜蓿、芸芥等蜜源，这一蜜源7月上旬结束。生长在海拔2800米以上高山区的地淑，花期可延续到8月上旬。特别是骆驼蓬，在春夏连续干旱，炎热高温年份，其他蜜源一般都停止流蜜，但骆驼蓬泌蜜涌，并且花粉丰富，利于繁殖。在这一线赶采蜜源的蜂场，根据当地的蜜源情况，选择转场时机，有的蜂群就近转入盐池、同心的荞麦地；有的可以转入黄河两岸的南起宁夏中卫，北至内蒙古临河的大面积葵花场地；有的蜂群向南到甘肃东部环县、合水、华池、庆城、西峰等地采荞麦、山花。二是直接到内蒙古老瓜头蜜源场地放牧的蜂群，采完老瓜头后可直接北上包头、临河、河套地区采葵花，后转入固阳等地采荞麦后小越冬。三是采完陇东南部和陕西洋槐的蜂群，5月底直接转到宁夏北部沿黄河一带中卫、银川、平罗、灵武、中宁、石嘴山等黄河灌区，或到内蒙古的河套、临河、包头等地，采集相继开放的沙枣、枸杞、小茴香、紫花苜蓿、草木樨、葵花等蜜源。

5）西北线：甘肃东部采完油菜、洋槐的蜂群分四种情况直进河西、新疆。一是采完天水油菜的一部分蜂场，4月下旬~5月初直接转到榆中、民勤、武威、景泰等地，采集油菜、籽瓜蜜源，然后与后来转来的蜂群一道采集其他蜜源。二是6月25日~7月5日这些蜂群有的可以直接进入甘肃河西走廊的武威、张掖、酒泉等市的武威、凉州、民勤、山丹、张液、敦煌、安西、酒泉等县，那里降雨量少，气温高，日照时间长，蜜源植物泌蜜丰富。主要蜜源有油菜、沙枣、紫花苜蓿、野藿香、棉花、葵花、骆驼蓬等，许多蜂群采完甘肃东部的洋槐后直接转入这些地方，采集相继开放的蜜源。三是有一部分蜂群7月10日前后，到天祝、山丹、肃南、肃北、古浪、武威等地和乌鞘岭山区等海拔高、高寒、阴湿地区，采集油菜、山花、百号等蜜源。在此采集结束的蜂群，8月初，有的就地采集野藿香等山花，调整蜂群，培育越冬蜂准备南下。有的转到甘肃中、东部的会宁、天水、静宁、华池、环县、合水、庆城和陕西的定边、靖边、盐池等地采荞麦，然后南下越冬。四是有一部分蜂群5月下旬~6月上旬直接进入新疆，采集油菜、棉花、沙枣、紫花苜蓿、草木樨、野藿香、葵花、果树、骆驼蓬等蜜源。

139 辽东区域内如何选择放蜂路线?

春季在本地繁蜂，争取第1个蜜源——刺槐丰收。丹东西部靠海，东部是山区。因此，温差明显，花期交错。在丹东采完刺槐可以立刻赶往东港或宽甸采第2个刺槐，花期相差4~5天。个别蜂场蜂群越冬好，春季蜂群繁殖理想，甚至可以先到鞍由或大连采刺槐蜜后再回丹东。

辽宁东部的椴树分布相对于黑龙江、吉林较少，树龄较小，但蜂场较少，总体产量还好。丰收年群产蜜也在50千克以上，大小年明显，逢双年为大年。辽宁西部荆条蜜源不分大小年，只要雨水不缺，历来是稳产的蜜源。现在有些蜂场逢双年先到辽东采椴树，7月中旬，椴树花期基本结束，立即赶到辽西葫芦岛等地荆条花期较晚地区采荆条蜜。辽西荆条不同地点花期仍有差别，如锦州、义县比葫芦岛地区花期早10天左右。锦鲻、义县荆条蜜结束后，葫芦岛地区又摇了4次蜜，而两地相距不足200千米。夏季蜜源结束，可回丹东准备采集秋季蜜源，到山区采出花椒、胡枝子，也可以根据益母蒿大小年及流蜜情况采益母蒿。

140 全国范围内怎样选择转地放蜂路线?

为了充分利用我国各地的蜜源资源，我国大部分蜂场都转地放蜂。我国的主要放蜂路线有东线、中线、西线和南线。

（1）东线 该转地放蜂路线为福建、广东—安徽、浙江—江苏—山东—辽宁—吉林—黑龙江—内蒙古，转地距离为4000~5000千米。

元旦前后，北方的蜂群到福建、广东等地繁殖，2月底3月初上江西、安徽南部采油菜、紫云英蜜。3月下旬~4月中旬到浙北、苏南、苏北和皖北等地采油菜、紫云英蜜。4 月底～5 月初在苏北、鲁南等地采苕子、刺槐蜜或到河北采刺槐蜜。5 月底～6 月初到黑龙江、吉林等地，利用山花繁殖，投入 7 月的椴树花期生产。8 月底～9 月初到辽宁、内蒙古采向日葵。到 11 月前后逐步南运休整。也有少数蜂群留在北方越冬，直到 12 月再南下繁殖。

（2）**中线**　该转地放蜂路线为广东、广西—江西、湖南—湖北—河南—河北、北京—内蒙古。以京广铁路为转运干线。

蜂群在 12 月或次年 1 月初，到广东、广西利用油菜、紫云英繁殖。3 月上、中旬到湖南、湖北采油菜、紫云英蜜。4 月下旬到河南去采刺槐蜜。6 月到河南新郑一带采枣花。6 月底～7 月初，去北京、辽宁、山西中部等地采荆条蜜，或去山西北部采木樨蜜，也有到内蒙古、山西大同采油菜、百里香和云芥蜜的，紧接着是当地或附近的荞麦。8 月底荞麦结束后，可采取东线的方式就地越冬或南运休整。

（3）**西线**　该转地放蜂路线为云南—四川—陕西—青海（宁夏、内蒙古）—新疆。

蜂群于 12 月到云南、广西或广东湛江一带，利用油菜、紫云英繁殖复壮，于次年 2 月下旬～3 月上旬，到成都平原采油菜蜜，4 月运往汉中盆地或甘肃省内采油菜蜜，5 月后接狼牙刺、洋槐、苜蓿、山花蜜，7 月进入青海采油菜蜜，或到新疆吐鲁番采棉花蜜，8 月到甘肃、宁夏、陕西北部和内蒙古采荞麦蜜，或就近在甘肃张掖等祁连山脚下采香薷。以上采蜜期结束后，个别蜂场南运四川、云南采野坝子等蜜源。大部分蜂场和东线一样南运休整，还有一部分蜂场 1、2 月直接到四川繁殖，就地采油菜、紫云英蜜，4 月底加入西线。

该路线的特点是以西北的蜜源为主，西北省区的主要蜜源大多是夏秋季开花，泌蜜稳定，是全国的蜂王高产区。

（4）**南线**　该转地放蜂路线为福建—安徽—江西—湖南—湖北—河南。走这条路线的多是浙江、福建的蜂场，它们在本地越冬后，于2月下旬转到江西或安徽两省的南部采油菜；4月初到湖南北部、江西中部采紫云英；5月进入湖北采荆条，或从湖南、江西转入河南采刺槐、枣花、芝麻；于7月底转回湖北江汉平原或湖南洞庭湖平原采棉花。大部分蜂场南运休整，部分蜂场可留在湖北越冬。

141 怎样进行转运期间蜂群的管理？

弱群短途放蜂，用汽车装运，比较简单方便。一般傍晚装车，夜里行走，转运期间应关闭巢门，如白天转地应使蜂箱不透光但应通风，避免强烈震动，否则蜜蜂在箱内骚动，温度升高，会闷死蜜蜂。

如果转运的蜂群强壮，子脾多，蜜粉充足，外界气温很高，无论汽车运输或火车运输，均可采用打开巢门的运输法，放走老蜂，因蜜蜂在运输时易堵塞巢门。若发现强群蜜蜂堵塞气窗，上颚死咬铁纱，发出吱吱声和特异气味，说明蜜蜂正处于被闷死的前夕，要毫不犹豫地快速打开巢门或捅破气窗，把骚动的老蜂放走，以免全群覆灭。同时转运途中，一定要注意适时喂水，加强通风，避光降温。

第十二章
蜜蜂授粉

142 为什么蜜蜂对自然界和人类这么重要？

认识和了解蜜蜂对自然界和人类的重要性，能让养蜂人更具有从事该职业的自豪感和使命感，也能让非从事养蜂业的人员更具有保护与促进其发展的责任感。

蜜蜂为什么对自然界和人类十分重要，请看下面几段报道：

2004 年《Nature》杂志报道："如果没有蜜蜂和蜜蜂的授粉，整个生态系统将会崩溃"。

2006 年 3 月 19 日中央电视台晚间新闻报道，澳大利亚科技人员研究结果发现，由于授粉蜜蜂的减少，植物的繁殖力明显降低。

2006 年美国出现史无前例的因蜂群衰竭失调（CCD）引起的蜂群丢失现象后，美国国会经听证拨巨资对蜜蜂进行研究和保护。

爱因斯坦曾预言："如果蜜蜂从地球上消失，人类仅能活四年，没有蜜蜂就没有植物，没有植物就没有动物，也就没有人类"。这句话从根本上揭示了蜜蜂传粉对自然界和人类的重要作用。可见，蜜蜂在自然生态系统中的作用是不容忽视的，蜜蜂的减少，会诱发生态剧变，也会严重威胁人类的生存。

蜜蜂对社会的最大贡献是修复生态系统、维护生态平衡和生物多样性的有序发展。蜜蜂在整个生态系统中，既是消费者，又是生产者，尤其是与蜜源植物相互依存的关系，决定了蜜蜂在生态系统中的重要地位。蜜蜂与被子植物关系十分密切，属于共生关系，相互依存、协同发展。被子植物为蜜蜂提供了蛋白质、能量等的食物来源和赖以生存的自然环境，而蜜蜂为被子植物传粉促进了被子植物的生殖繁衍。这一互惠关系既有利于蜜蜂的生存和种群数量的扩大，又有利于植物的繁衍以及生物多样性的形成。

国内有14317种植物，可以为人类提供食物和被利用的植物有1330多种，其中1000种植物必须经蜜蜂传粉才能受精结实、不断繁衍。否则这些植物没有得到蜜蜂充分传粉受精，只是开花不结果和千花一果现象会普遍存在。

自然界中每种异花植物均与传粉昆虫形成极强的互惠关系，蜜蜂作为传粉昆虫中的优势种，成为最理想的授粉昆虫。主要的传粉蜂种有：壁蜂、切叶蜂、熊蜂、中华蜜蜂、无刺蜂等。

生态系统中，绿色植物是生产者，通过光合作用将无机物生产成有机物，为人类提供食物和氧气。绿色植物根系有很好的水土保持作用，是生态系统的核心。蜜蜂为绿色植物授粉，使之能受精结实，促进植物遗传多样性的形成和发展，因此，蜜蜂在植物生态系统中同样十分重要。

蜜蜂作为生态环境植被修复因子，不仅成本低，而且效果显著，且不会对环境造成二次污染，还能保持植物的多样性，维持生态平衡。

143 民间文化如何理解蜜蜂与植物的密切关系？

从下面几则民间俗语和民歌中就能非常生动地反映出蜜蜂与植物的密切关系。纳西族民歌《蜂花相会》中唱到"蜂子离开花不酿蜜，花离开蜜蜂不开花"；彝族的民间传说中有"蜂儿不采粉，此树就该死"的说法；在壮族情歌中有"妹是桂花千里香，哥是蜜蜂万里来，蜜蜂见花团团转，花见蜜蜂朵朵开"的歌词等。类似的内容还有很多，尚需挖掘与整理、传承。

144 蜜蜂为农作物授粉有什么意义？

在长期的进化过程中，植物的花器与蜜蜂的形态构造和生理相互适应。蜜蜂在采集植物花蜜和花粉的过程中起到了异花授粉的作用，因而提高了植物种子和果实的产量和质量，并使得后代植株生活力和结实率提高，增强了对逆境的抵抗力。由于蜜蜂授粉的专一性、蜜蜂的群集性、可移动性及可驯性和对食物的储存性，世界上发达国家已广泛将其用于为农作物授粉增产。

随着现代科学技术的迅速发展，杀虫剂在世界各国得到普遍的应用，这对控制害虫生长、保护农作物的健康成长起到了积极的作用。但是，由于杀虫剂的广泛应用，也造成了自然界一部分野生昆虫的死亡，致使昆虫数量减少。而蜜蜂作为农作物的理想授粉者及其为农作物增产所起到的重要作用，已为越来越多的人所认识，其授粉的重要性也日益突出。世界上许多经济发达的国家都十分重视利用蜜蜂为农作物授粉，并取得了明显的经济效益。例如，在美国现有的 400 万群蜜蜂中，每年就有 200 万群出租用于农作物授粉。据美国 1985 年统计，蜜蜂为农作物授粉价值为 93 亿美元，除去授粉费用，净效益也达 32 亿美元。这些价值是付给养蜂者各项授粉费用总和的 60 倍以上；据 1984 年的估计，加拿大农作物依靠蜜蜂授粉的价值也有 12 亿加元；1985 年欧洲共同体 12 个国家有蜜蜂 650 万群，主要依赖于昆虫授粉作物的年产值为 650 亿欧洲货币单位，受益于昆虫授粉的增产价值为 50 亿欧洲货币单位，其中蜜蜂授粉作用占 85%，增产价值为 42.5 亿欧洲货币单位；苏联利用蜜蜂为农作物授粉，年增加收入 20 亿卢布。

显而易见，利用蜜蜂为农作物授粉，是一项极为重要的农业增产措施，应大力推广。

145 蜜蜂授粉的增产机理是什么？

（1）授粉及时 一般植物的花刚开放的一段时间内柱头的活

力最强。蜜蜂不间断地在花间进行采集，在花柱头活力最强的时候适时将花粉传到上面，使花粉萌发，形成花粉管，达到受精的目的。

（2）授粉充分　蜜蜂的周身密生绒毛，易于黏附花粉，通常1只蜜蜂体上黏附的花粉可达1万～2.5万粒，身上黏附的大量花粉传至柱头，使作物授粉充分，同时一群蜂数量多达万只，一朵花不只被1只蜜蜂采访，而是多只蜜蜂多次的采访，确保了每朵花能够得到充分的授粉。

（3）受精完全　由于蜜蜂授粉使得子房中的胚珠都能够及时充分受精，不会因某些子房的胚珠未受精或受精不良影响果实的发育。

（4）确保了植物的异花授粉　蜜蜂每次采粉活动中访花数量众多，确保了植物的异花授粉。

（5）充分利用有效花　蜜蜂采集时往往会对花进行选择，选择那些健壮鲜艳的花朵，使得有效花朵得到充分利用，从而使作物获得增产。

146 蜜蜂授粉有哪些优越性？

（1）形态构造上的特殊性

1）蜜蜂的体毛：蜜蜂的周身密生绒毛，有的还呈羽状分叉，易于黏附花粉。

2）蜜蜂的足：蜜蜂具有专门采集花粉的特殊构造，如花粉刷、花粉栉、花粉耙和花粉筐等；前足用于刷集头部、眼部和口部的花粉粒；中足用于清理、刷集胸部的花粉粒；后足用于集中和携带花粉。

（2）特殊的蜜源信息传递体系

1）蜂舞：蜜蜂能以特殊的蜂舞为其同伴指示蜜源的距离和方向乃至蜜源的量，并引导同伴前往蜜源所在地，这有利于利用蜜蜂授粉。

2）外激素传递信息：蜜蜂群体内具有多种外激素，外激素

具有传递信息的作用，能够使蜂群完满地、有规律地生活和保持个体间的高度协调。采集工蜂找到蜜源后，在飞返蜜源地的过程中散发这种外激素，引导本群采集蜂前往采集。

（3）授粉的专一性 蜜蜂每次出巢，仅采集同一种植物的花粉及花蜜，这种特性，更有利于植物特别是农作物授粉，远比其他昆虫有利。

（4）群居性 蜜蜂过着群居生活，群体数量大，1 群蜜蜂可以有 3 万 ~ 6 万只。

（5）可移动性 蜂群具有良好的可移动性，可被运送到任何需要它们授粉的地方。

（6）食料储存性 蜜蜂有储存蜂蜜和花粉的习性，可以长期无厌倦地从事采集工作，不停地为植物授粉。

（7）可训练性 利用蜜蜂生物学原理，可以训练诱导蜜蜂为某一特殊植物授粉。用泡过某一种植物花香的糖浆饲喂蜜蜂，可以诱引蜜蜂到该植物的花上进行传粉工作。

（8）易于饲养管理 人类饲养蜜蜂已有数千年的历史，对蜜蜂生物学习性有了相当的了解，蜜蜂的饲养技术较为成熟。

（9）适于农作物授粉 为农作物授粉的昆虫中，蜜蜂占80%，其他昆虫只占20%。

147 影响蜜蜂授粉的主要因素是什么？

影响蜜蜂授粉的因素包括蜜蜂自身的因素、气象因素、授粉作物的开花状况、授粉时间及施用农药等。

（1）蜜蜂对植物的喜好 蜜蜂对植物的喜好主要在于花色、花香、花粉和花蜜的营养 3 个方面。蜜蜂偏好蓝色和黄色；花香是植物吸引昆虫授粉的重要因素；蜜蜂的营养来自花粉和花蜜中的成分，花蜜的甜度越高，对蜜蜂的吸引性越强。

（2）蜜蜂的采集行为 蜜蜂参与采集工作的日龄、采集的时间和采集的距离等采集行为都与授粉有关。

1）采集蜂日龄：一般情况下，工蜂 15 天以后才担负外出采蜜及采粉工作。

2）蜜蜂采集的时间：1天内最早外出采集的时间根据夜间及清晨的温度而改变。一般地，中蜂在气温达到10℃以上，意蜂在气温达到13℃以上时才能正常出勤。

3）蜜蜂采集的距离：蜜蜂采集的半径通常在2~3千米，如果蜂场附近缺乏蜜源，蜜蜂也能飞到5千米以外采集，最远的飞行距离约14千米。

（3）蜜蜂的觅食行为　蜜蜂觅食喜好先从附近的着手，花蜜中含糖量高的和大面积的蜜粉源会被优先选择，蜂群中的食物存量及未封盖的幼虫数量也影响蜜蜂采集食物的选择性。

（4）蜜蜂的群势　群势的大小直接影响蜜蜂外出采集，群势大的蜂群采集能力强。

（5）当时的气候　天气的好坏，是影响蜜蜂授粉的关键，低温、高温、弱光和大风将影响蜜蜂的采集积极性。

（6）授粉时间　蜂群能否适时地运达授粉目的地，对授粉的成败关系很大。对于大田作物的授粉，授粉蜂群要在需授粉作物花开达10%~15%或更多时移入；对于大棚或温室作物的授粉，应根据具体作物的花期情况确定授粉蜂群进棚室的时间。

（7）农药的影响　在作物花期喷洒农药，是损害蜜蜂授粉的一个重要因素。

148 怎样组织授粉蜂群？

（1）调整群势及幼蜂比例　一般授粉面积500平方米配置2~3足框蜜蜂。如果是为果树授粉，由于果树花量大，花期短而且集中，应根据花朵数量确定放蜂数量，至少应增加1倍。为了有利于蜂群的维持和发展，群势应控制在2足框以上，整个授粉期间一直保持蜂多于脾或者蜂脾相称。如果是为大棚作物授粉，应加大幼蜂比例，因为棚内授粉主要是靠幼蜂，其所占比例越大，授粉效果越好。

（2）授粉蜂群大小的配备　温室或大棚内作物授粉蜂群的配

备，应根据作物种类确定。一般1群蜂可以承担300～500平方米面积温室作物的授粉工作。

149 蜜蜂如何进行大田作物自由授粉？

在作物开花初期将蜂群运进田间或果园，让蜜蜂自由地为作物授粉。

1）蜂群的配置。配置数量要根据作物的面积、分布、长势、花期及蜂群群势来确定。一般是一群蜂（10框）可为约0.3公顷的油料作物授粉、为约0.5公顷的果树授粉、为约0.4公顷的牧草授粉、为约0.6公顷的瓜类授粉。

2）蜂群摆放的位置。蜜蜂飞行范围虽然达5千米，但蜂群离作物越近，授粉效果越好。作物面积在70公顷以下的，可将蜂群排列在授粉地段的任何一边，面积在70公顷以上的或地段延长2千米以上，则应将蜂群分组排列在地段中央和两端，每组放蜂20～30群，以便蜜蜂能飞到大田的任何位置而增加授粉效果。

3）严禁在授粉蜂群周边2千米范围内喷洒农药和杀虫剂。

150 蜜蜂如何对设施作物强制授粉？

将蜂群放入纱罩或温室内为作物授粉，称为强制授粉。

（1）授粉蜂群的要求 蜂群群势以7～8框为宜，并且群内应有蜂王、大量的幼蜂、封盖子脾及充足的饲料。

（2）注意事项

1）蜂群应在傍晚运入温室，以使其逐步适应温室环境。

2）蜂群应放在离地面有50厘米的地方，以避免潮湿和蚁害。

3）由于温室内高温、高湿，不利于蜂群发展，若作物花期较长，应及时补充蜂脾调整群势。

4）要为蜂群提供清洁的水源。

第十三章
部分涉蜂法律法规解读

151 为什么说《畜牧法》确立了养蜂业的法律地位？

《中华人民共和国畜牧法》第一章（总则）第二条明确说明"蜂、蚕的资源保护利用和生产经营，适用本法有关规定"。界定养蜂业属畜牧业范畴。第四十七条、第四十八条、第四十九条专门就国家层面、养蜂者及相关职能部门对养蜂业的发展、生产、经营及安全运输等做出了针对性规定，从而结束了我国养蜂业长期无法可依的历史。

《畜牧法》第四十七条："国家鼓励发展养蜂业，维护养蜂生产者的合法权益"。虽然是短短的一句话，但其意义深远，内容非常广泛。就这一句话确立了养蜂业的法律地位；就这一句话在很多养蜂侵权案件中起到了重要作用；就这一句话可使养蜂人扬眉吐气，也可以使那些图谋危害养蜂业的不法分子望而却步，使以身试法者受到应有的制裁。

"国家鼓励发展养蜂业"，其重点在"鼓励"二字上。"鼓励"即激发、勉励的意思，也就是说，国家不仅支持养蜂，还要以多种方式激发广大民众的养蜂热情，勉励人们大养其蜂，为农民增收、农业增产、维持生态平衡做出应有的贡献。

152 为什么说养蜂生产者的合法权益有了法律保障？

《畜牧法》第四十七条明确规定"维护养蜂生产者的合法权

益"。这是养蜂人及蜂产品生产加工经营者和养蜂热心人最为重视和渴望的。"权益"一词在字典中解释为"应该享有的不可侵犯的权利",我们可以理解为:养蜂生产者的合法权益是不可侵犯的。而在此之前许多养蜂生产者的权益屡屡遭到侵犯,如向养蜂者乱收费、乱罚款、乱检疫等现象经常发生,大大影响了养蜂生产者的积极性和养蜂生产的正常发展。《畜牧法》的颁布大大改变了养蜂业的法律地位,为养蜂者撑了腰壮了胆,为依法公正解决生产中的纠纷奠定了法律基础。

153 近年来国家发布的涉蜂法律法规和文件有哪些?

2005 年 12 月 29 日全国人大颁布的《中华人民共和国畜牧法》首次将蜂业纳入了畜牧业产业体系中。

2006 年 3 月和 2010 年 3 月经中华全国供销合作总社批准,中国蜂产品协会先后发布了《全国蜂产品行业"十一五"发展规划》和《全国蜂产品行业"十二五"发展规划》。

2009 年,国家发改委和交通部十分重视蜂业生产,联合发文《关于进一步完善和落实鲜活农产品运输绿色通道政策的通知》(交公路发〔2009〕784 号)。明确将转地放蜂运输纳入绿色通道管理,免费通行,有力地促进了我国蜂业发展。

2010 年,《农业部关于加快蜜蜂授粉技术推广促进养蜂业持续健康发展的意见》(农牧发〔2010〕5 号),明确蜂产业结构调整方向。

2010 年 12 月 29 日农业部发布了《全国养蜂业"十二五"发展规划》。这是新中国成立以来首次率先发布单个产业规划。明确了蜂产业"十二五"目标任务。

2010 年,农业部办公厅发布了《蜜蜂授粉技术规程(试行)》(农办牧〔2010〕8 号)文件。

2010 年,农业部兽医局发布了《农业部关于印发〈蜜蜂检疫规程〉的通知(农医发〔2010〕41 号)。

2011 年 12 月,农业部以公告形式发布了《养蜂管理办法

（试行）》。这个办法的实施对维护蜂农合法权益、保持生态平衡、促进蜂业健康持续发展有很大的推动作用。

2012 年，农业部办公厅印发了《关于做好养蜂证发放工作的通知》（农办牧［2012］13 号）。

2012 年 12 月，农业部、财政部联合下文《关于印发〈2012年农业机械化补贴实施指导意见〉的通知》（农办财 10、［2011］187 号），该文件中的附件 1，《2012 年全国农机购置补贴机具种类范围》明确将养蜂专用平台（含蜂箱保湿装置、蜜蜂饲喂装置、电动摇蜜机等）列入补贴范围。

2014 年农业部、财政部又下发了《2014 年农业机械购置补贴实施指导意见》。

154 蜜蜂蜇伤人畜如何依法处理？

蜜蜂出于自卫等原因，有时会蜇刺人畜，从而对被蜇刺者造成伤害，时常造成一些纠纷乃至官司，使一些养蜂人与伤者各持己见纠缠不清，那么法律对此类事故是如何规定的呢？《中华人民共和国民法通则》第 127 条规定："饲养动物造成他人伤害的，动物饲养人或者管理人应当承担民事责任；由于受害人的过错造成损失的，动物饲养人或者管理人不承担民事责任；由于第三人的过错造成伤害的，动物饲养人或者管理人不承担民事责任"。依据该项规定，在无特殊原因情况下蜜蜂蜇伤了无辜者，养蜂人要负民事责任和经济赔偿。但是，如果因为被蜇人自己的原因，如被蜇人不听养蜂人的劝阻，擅自走进蜂场无理取闹或打开蜂箱造成蜂蜇，或牛、马等牲畜跑进蜂场，养蜂人驱赶不走，胡跑乱踢踏翻蜂箱导致蜜蜂围攻致伤或致死，应另当别论，养蜂人可根据情节依法力争，不予承担民事责任，拒付经济赔偿。

155 因蜜蜂蜇刺造成事故如何进行赔偿？

因蜜蜂蜇刺造成伤害事故需要进行赔偿时，应依据《中华人民共和国民事通则》第 119 条："侵害公民身体造成伤害的，应

185

当赔偿医疗费，因误工减少的收入，残疾者生活补助费等项费用；造成死亡的，并应当支付丧葬费，死者生前抚养的人必要的生活费等费用"。根据最高法院有关法规解释，还应赔偿受伤害人住院期间护理者的护理费和伙食补助费用。

156　如何避免或减轻蜜蜂蜇人、畜造成的责任和损失？

蜜蜂蜇伤人畜，在一定程度上并不完全是养蜂人的意志所为。但是，经过采取一些必要的经济措施，是可以减轻一些责任事故和损失。在此建议养蜂人在蜂场周围应加设一圈围栏作为人畜的遮挡物，或铁丝网，还要在蜂场外围挂一块警示牌，上书"蜜蜂易蜇人请闲人远离蜂场"之类的警示语。根据民法及最高人民法院的有关解释，由于你加了栏杆或警示牌，已部分尽到了防范责任，纵然发生事故，在量责及确定赔偿时，可相应减轻或减少。

157　如何防范蜜蜂农药中毒事件发生？

《养蜂管理办法》中有关"主动告知"和"相互告知"的规定是对蜜蜂养殖者和农作物种植者对蜜蜂农药中毒的双向防范措施。第 12 条要求转地蜂场主动向 3 千米内的村、场主动告知；不告知会对事后诉讼不利。第 17 条要求"主动"出面，有利于养蜂人面临重大问题时的"举证倒置"。

158　如何防范蜜蜂放养地发生争夺纠纷？

《养蜂管理办法》第十五条明确规定养蜂者应当持《养蜂证》到蜜粉源地的养蜂主管部门或蜂业行业协会联系落实放蜂场地。转地放蜂的蜂场原则上应当间距 1000 米以上，并与居民区、道路等保持适当距离。转地放蜂者应当服从场地安排，不得强行争占场地，并遵守当地习俗。养蜂管理部门要依照《养蜂管理办法》有所作为，一是作好场地统筹安排；二是告知当地种养殖户不得滥施农药、除草剂，保护养蜂者的合法权益；三是出现纠纷，依据事实和相关法规积极疏导解决，不推诿，不拖延。如果发生重大损失，协助执法部门立案侦结为受害人挽回损失。

159 食品动物禁用的兽药及其他化合物有哪些?

为保证动物源性食品安全，维护人民身体健康，执行《兽药管理条例》的规定。《食品动物禁用的兽药及其他化合物清单》（以下简称《禁用清单》）如下：

1）《禁用清单》序号 1～18 所列品种的原料药及其单方、复方制剂产品停止生产，已在兽药国家标准、农业部专业标准及兽药地方标准中收载的品种，废止其质量标准，撤销其产品批准文号；已在我国注册登记的进口兽药，废止其进口兽药质量标准，注销其《进口兽药登记许可证》。

2）截至 2002 年 5 月 15 日，《禁用清单》序号 1～18 所列品种的原料药及其单方、复方制剂产品停止经营和使用。

3）《禁用清单》序号 19～21 所列品种的原料药及其单方、复方制剂产品不准以抗应激、提高饲料报酬、促进动物生长为目的在食品动物饲养过程中使用。

食品动物禁用的兽药及其他化合物清单

序号	兽药及其他化合物名称	禁止用途	禁用动物
1	β-兴奋剂类：克仑特罗 Clenbuterol、沙丁胺醇 Salbutamol、西马特罗 Cimaterol 及其盐、酯及制剂	所有用途	所有食品动物
2	性激素类：己烯雌酚 Diethylstilbestrol 及其盐、酯及制剂	所有用途	所有食品动物
3	具有雌激素样作用的物质：玉米赤霉醇 Zeranol、去甲雄三烯醇酮 Trenbolone、醋酸甲孕酮 Mengestrol，Acetate 及制剂	所有用途	所有食品动物
4	氯霉素 Chloramphenicol、及其盐、酯（包括：琥珀氯霉素 Chloramphenicol Succinate）及制剂	所有用途	所有食品动物
5	氨苯砜 Dapsone 及制剂	所有用途	所有食品动物

（续）

序号	兽药及其他化合物名称	禁止用途	禁用动物
6	硝基呋喃类：呋喃唑酮 Furazolidone、呋喃它酮 Furaltadone、呋喃苯烯酸钠 Nifurstyrenate sodium 及制剂	所有用途	所有食品动物
7	硝基化合物：硝基酚钠 Sodium nitrophenolate、硝呋烯腙 Nitrovin 及制剂	所有用途	所有食品动物
8	催眠、镇静类：安眠酮 Methaqualone 及制剂	所有用途	所有食品动物
9	林丹（丙体六六六）Lindane	杀虫剂	所有食品动物
10	毒杀芬（氯化烯）Camahechlor	杀虫剂、清塘剂	所有食品动物
11	呋喃丹（克百威）Carbofuran	杀虫剂	所有食品动物
12	杀虫脒（克死螨）Chlordimeform	杀虫剂	所有食品动物
13	双甲脒 Amitraz	杀虫剂	水生食品动物
14	酒石酸锑钾 Antimonypotassiumtartrate	杀虫剂	所有食品动物
15	锥虫胂胺 Tryparsamide	杀虫剂	所有食品动物
16	孔雀石绿 Malachitegreen	抗菌、杀虫剂	所有食品动物
17	五氯酚酸钠 Pentachlorophenolsodium	杀螺剂	所有食品动物
18	各种汞制剂包括：氯化亚汞（甘汞）Calomel，硝酸亚汞 Mercurous nitrate、醋酸汞 Mercurous acetate、吡啶基醋酸汞 Pyridyl mercurous acetate	杀虫剂	所有食品动物

序号	兽药及其他化合物名称	禁止用途	禁用动物
19	性激素类：甲基睾丸酮 Methyltestosterone、丙酸睾酮 Testosterone Propionate、苯丙酸诺龙 Nandrolone Phenylpropionate、苯甲酸雌二醇 Estradiol Benzoate 及其盐、酯及制剂	促生长	所有食品动物
20	催眠、镇静类：氯丙嗪 Chlorpromazine、地西泮（安定）Diazepam 及其盐、酯及制剂	促生长	所有食品动物
21	硝基咪唑类：甲硝唑 Metronidazole、地美硝唑 Dimetronidazole 及其盐、酯及制剂	促生长	所有食品动物

注：食品动物是指各种供人食用或其产品供人食用的动物。

附　录

第一章　总则

第一条　为规范和支持养蜂行为，维护养蜂者合法权益，促进养蜂业持续健康发展，根据《中华人民共和国畜牧法》《中华人民共和国动物防疫法》等法律法规，制定本办法。

第二条　在中华人民共和国境内从事养蜂活动，应当遵守本办法。

第三条　农业部负责全国养蜂管理工作。县级以上地方人民政府养蜂主管部门负责本行政区域的养蜂管理工作。

第四条　各级养蜂主管部门应当采取措施，支持发展养蜂，推动养蜂业的规模化、机械化、标准化、集约化，推广普及蜜蜂授粉技术，发挥养蜂业在促进农业增产提质、保护生态和增加农民收入中的作用。

第五条　养蜂者可以依法自愿成立行业协会和专业合作经济组织，为成员提供信息、技术、营销、培训等服务，维护成员合法权益。各级养蜂主管部门应当加强对养蜂业行业组织和专业合作经济组织的扶持、指导和服务，提高养蜂业组织化、产业化程度。

第二章　生产管理

第六条　各级农业主管部门应当广泛宣传蜜蜂为农作物授粉的增产提质作用，积极推广蜜蜂授粉技术。县级以上地方人民政府农业主管部门应当做好辖区内蜜粉源植物调查工作，制定蜜粉源植物的保护和利用措施。

第七条　种蜂生产经营单位和个人，应当依法取得《种畜禽生产经营许可证》。出售的种蜂应当附具检疫合格证明和种蜂合格证。

第八条　养蜂者可以自愿向县级人民政府养蜂主管部门登记备案，免费领取《养蜂证》，凭《养蜂证》享受技术培训等服务。《养蜂证》有效期三年，格式由农业部统一制定。

第九条　养蜂者应当按照国家相关技术规范和标准进行生产。各级养蜂主管部门应当做好养蜂技术培训和生产指导工作。

第十条　养蜂者应当遵守《中华人民共和国农产品质量安全法》等有关法律法规，对所生产的蜂产品质量安全负责。养蜂者应当按照国家相关规定正确使用生产投入品，不得在蜂产品中添加任何物质。

第十一条　登记备案的养蜂者应当建立养殖档案及养蜂日志，载明以下内容：

1）蜂群的品种、数量、来源。

2）检疫、消毒情况。

3）饲料、兽药等投入品来源、名称，使用对象、时间和剂量。

4）蜂群发病、死亡、无害化处理情况。

5）蜂产品生产销售情况。

第十二条　养蜂者到达蜜粉源植物种植区放蜂时，应当告知周边3000米以内的村级组织或管理单位。接到放蜂通知的组织和单位应当以适当方式及时公告。在放蜂区种植蜜粉源植物的单位和个人，应当避免在盛花期施用农药。确需施用农药的，应当选用对蜜蜂低毒的农药品种。

种植蜜粉源植物的单位和个人应当在施用农药3日前告知所在地及邻近3000米以内的养蜂者，使用航空器喷施农药的单位和个人应当在作业5日前告知作业区及周边5000米以内的养蜂者，防止对蜜蜂造成危害。养蜂者接到农药施用作业通知后应当相互告知，及时采取安全防范措施。

第十三条　各级养蜂主管部门应当鼓励、支持养蜂者与蜂产品收购单位、个人建立长期稳定的购销关系，实行蜂产品优质优价、公平交易，维护养蜂者的合法权益。

第三章 转地放蜂

第十四条 主要蜜粉源地县级人民政府养蜂主管部门应当会同蜂业行业协会，每年发布蜜粉源分布、放蜂场地、载蜂量等动态信息，公布联系电话，协助转地放蜂者安排放蜂场地。

第十五条 养蜂者应当持《养蜂证》到蜜粉源地的养蜂主管部门或蜂业行业协会联系落实放蜂场地。

转地放蜂的蜂场原则上应当间距 1000 米以上，并与居民区、道路等保持适当距离。转地放蜂者应当服从场地安排，不得强行争占场地，并遵守当地习俗。

第十六条 转地放蜂者不得进入省级以上人民政府养蜂主管部门依法确立的蜜蜂遗传资源保护区、保种场及种蜂场的种蜂隔离交尾场等区域放蜂。

第十七条 养蜂主管部门应当协助有关部门和司法机关，及时处理偷蜂、毒害蜂群等破坏养蜂案件、涉蜂运输事故及有关纠纷，必要时可以应当事人请求或司法机关要求，组织进行蜜蜂损失技术鉴定，出具技术鉴定书。

第十八条 除国家明文规定的收费项目外，养蜂者有权拒绝任何形式的乱收费、乱罚款和乱摊派等行为，并向有关部门举报。

第四章 蜂群疫病防控

第十九条 蜂群自原驻地和最远蜜粉源地起运前，养蜂者应当提前 3 天向当地动物卫生监督机构申报检疫。经检疫合格的，方可起运。

第二十条 养蜂者发现蜂群患有列入检疫对象的蜂病时，应当依法向所在地兽医主管部门、动物卫生监督机构或者动物疫病预防控制机构报告，并就地隔离防治，避免疫情扩散。未经治愈的蜂群，禁止转地、出售和生产蜂产品。

第二十一条 养蜂者应当按照国家相关规定，正确使用兽药，严格控制使用剂量，执行休药期制度。

第二十二条 巢础等养蜂机具设备的生产经营和使用，应当符合国家标准及有关规定。禁止使用对蜂群有害和污染蜂产品的材料制作养蜂器具，或在制作过程中添加任何药物。

第五章　附则

第二十三条　本办法所称蜂产品，是指蜂群生产的未经加工的蜂蜜、蜂王浆、蜂胶、蜂花粉、蜂毒、蜂蜡、蜂幼虫、蜂蛹等。

第二十四条　违反本办法规定的，依照有关法律、行政法规的规定进行处罚。

第二十五条　本办法自 2012 年 2 月 1 日起施行。

中华人民共和国农业部

二○一一年十二月十三日

附录 B　农业部关于加快蜜蜂授粉技术推广促进养蜂业持续健康发展的意见（农牧发〔2010〕5 号）

各省、自治区、直辖市及计划单列市农业（农牧、畜牧兽医）厅（局、委、办），新疆生产建设兵团农业局，黑龙江农垦总局：

我国是世界养蜂大国，蜂群数量和蜂产品产量多年来一直稳居世界首位。养蜂业发展对于满足蜂产品市场需求、促进农民增收、提高农作物产量和维护生态平衡做出了重要贡献。但我国养蜂业可持续发展的根基还不稳固，标准化规模生产水平不高，组织化程度很低，一些蜂农的合法权益得不到保障，特别是蜜蜂授粉促进农作物增产观念还没有深入人心，养蜂对农作物增产应有的功效远未发挥，与世界养蜂业发达国家尚有较大的差距。为深入贯彻落实科学发展观，进一步转变养蜂业发展方式，着力强化蜜蜂授粉的产业功能，夯实产业发展基础，提高综合效益，保障蜂产品质量安全，推动养蜂业持续健康发展，提出如下意见：

一、深刻认识养蜂业的重要地位和作用

养蜂业是现代农业的重要组成部分，是维持生态平衡不可缺少的链环，是一项利国利民的事业。发展养蜂业，不仅能够提供大量营养丰富、滋补保健的蜂产品，增加农民收入，促进人民身

体健康，而且对提高农作物产量、改善产品品质和维护生态平衡具有十分重要的作用。

1. 发展养蜂业是促进农作物增产的重要手段

实践证明，利用蜜蜂授粉可使水稻增产5%，棉花增产12%，油菜增产18%，部分果蔬作物产量成倍增长，同时还能有效提高农产品的品质，并将大幅减少化学坐果激素的使用。蜜蜂授粉是一项很好的农业增产提质措施，每年我国蜜蜂授粉促进农作物增产产值超过500亿元。按蜜蜂为水果、设施蔬菜授粉率提高到30%测算，全国新增经济效益可达160多亿元，蜜蜂为农作物授粉增产的潜力很大。

2. 发展养蜂业是增加农民收入的有效途径

2008年全国蜂群数量820万群，蜂蜜产量超过40万吨，养蜂业总产值达40多亿元。发展养蜂不与种植业争地、争肥、争水，也不与养殖业争饲料，具有投资小、见效快、用工省、无污染、回报率高的特点，按照一个家庭蜂场饲养100群蜂，正常年份每群蜂纯收入300元计算，每户养蜂年收益可达3万元，带动农民增收效果显著。充分挖掘养蜂业的自身优势，推进标准化、规模化饲养，有助于促进农民持续增收。

3. 发展养蜂业是满足蜂产品市场需求的重要保障

2008年全国人均蜂产品消费量仅0.3千克，部分城市居民和大多数农村居民基本上还没有消费蜂产品。随着人民生活水平的提高和对蜂产品保健功效认识的不断加深，蜂产品消费量将持续增长，对蜂产品质量安全要求也越来越高。只有推动养蜂业持续健康发展，加大政策扶持和生产监管力度，才能稳步增加蜂产品产量，丰富蜂产品花色品种，提升蜂产品质量安全水平，满足日益增长的市场消费需求。

4. 发展养蜂业是保护生态环境的重要举措

蜜蜂授粉对于保护植物的多样性和改善生态环境有着不可替代的重要作用。世界上已知有16万种由昆虫授粉的显花植物，其中依靠蜜蜂授粉的占85%。蜜蜂授粉能够帮助植物顺利繁育，增加种子数量和活力，从而修复植被，改善生态环境。受经济发展和自然环境变化的影响，自然界中野生授粉昆虫数量大量减少，蜜蜂授粉对保护生态环境的重要作用更加凸显。

二、明确促进养蜂业发展的指导思想、原则和目标

1. 指导思想

全面贯彻落实科学发展观，坚持发展养蜂生产和推进农作物授粉并举，加快推动蜜蜂授粉产业发展；以市场为导向，加强扶持，着力改善养蜂业发展的内外部环境；转变养蜂业生产方式，大力推进养蜂业标准化、规模化、优质化和产业化建设，稳步提高蜂产品质量安全水平，积极促进农业增效和农民增收，努力实现养蜂业持续稳定健康发展。

2. 基本原则

坚持统筹协调，统筹国内、国际两个市场，推动发展养蜂生产和促进农业增产、保护生态的良性互动，强化养蜂为农作物授粉增产的功能。坚持市场导向，充分发挥市场机制配制资源的基础性作用；加大政策扶持，强化行业发展的指导与管理，健全相关法规与标准，营造养蜂业发展良好的外部环境。坚持质量至上，推广先进适用饲养技术，严格兽药等投入品使用监督管理，落实各环节的质量责任制度，提高蜂产品质量安全水平。

3. 发展目标

到 2015 年，全国养蜂数量达到 1000 万群，全国蜂产品产量达到 50 万吨；蜜蜂为农作物授粉增产的配套技术得到普及，形成一批专业化的授粉蜂场，初步实现蜜蜂授粉产业化；生产方式转变取得显著进展，规模化养蜂场（户）和专业合作组织饲养比重由目前的不足 40% 提高到 70%，生产设施化和蜂产品质量安全水平大幅提高，产业化加快发展，养蜂业可持续发展能力进一步增强。

三、普及推广蜜蜂授粉促进农作物增产技术

1. 强化蜜蜂授粉的科学研究

支持开展授粉蜜蜂饲养管理技术、蜂种培育、病虫害防治、授粉机具等方面的研究。加大蜜蜂授粉的生态效应评价和对农作

物增产的机理研究力度，挖掘对主要粮食和经济作物的增产潜力。

2. 大力推广普及蜜蜂授粉技术

选择油菜、棉花、苹果、向日葵、草莓、西瓜、柑橘、枣等蜜蜂授粉增产提质作用明显的农作物品种，推广蜜蜂授粉技术。加强蜜蜂授粉技术的集成与示范，在蜜蜂授粉主要区域，将蜜蜂授粉技术列入农技推广示范的主推技术，加快普及应用步伐。建设一批蜜蜂授粉示范基地，普及授粉蜜蜂饲养技术，探索建立蜜蜂有偿授粉机制。

3. 加快普及绿色植保技术

制定并实施农作物花期农药使用规范，最大限度地减少蜜蜂农药中毒现象的发生。在蜜蜂放养区域特别是授粉关键季节，改进传统的农作物病虫害防控方式，尽量避免花期喷施农药，加大生物防治、生态控制、安全用药等绿色植保技术的推广普及力度，通过对农药的减量替代和使用控制，减轻其对蜜蜂的伤害。

4. 加大蜜蜂授粉技术的宣传

大力宣传蜜蜂授粉对农作物增产和促进生态农业发展的意义与作用，大力宣传各地推行蜜蜂授粉的成功经验和典型事例，使蜜蜂授粉技术的经济和生态效益为社会所认同，营造推广蜜蜂授粉技术的良好社会氛围。

四、推动蜂产品生产健康发展

1. 优化养蜂业区域布局

要根据区域蜜源植物、蜜蜂饲养、蜂产品加工等条件，明确区域功能定位，充分发挥资源优势、形成各具特色的养蜂业发展区域。东中部地区要利用资金、技术优势，加大科研推广力度，建立一批蜂产品标准化生产基地和优质蜂产品出口生产基地。西部地区要充分发挥蜜源植物丰富的区位优势，增加蜜蜂饲养数量，提高规模化水平，发展特色蜂产品。

2. 完善蜜蜂良种繁育体系

通过畜禽良种工程等项目，加大蜜蜂良种繁育体系的建设的扶持力度，建设蜜蜂育种中心和一批蜜蜂资源场、种蜂场、基因库，满足蜜蜂资源保护以及生产发展的需要。保护和利用好中华蜜蜂资源，严格蜜蜂资源进出口管理。加强省级以上蜜蜂遗传资源保护区、保种场的管理，禁止外来蜂场进入放蜂。加快蜂种种质监督检验测试站建设，强化种蜂质量检测能力。建设蜜蜂良种数据库和信息交流平台，收集、分析、发布全国优良蜂种信息，鼓励推广优良种蜂。

3. 转变养蜂生产方式

制定推广蜜蜂饲养管理相关标准，积极推广规模化、养强群，生产成熟蜜的先进技术。支持建设一批规模化成熟蜜、蜂王浆等优质蜂产品的生产示范基地，建立养蜂日志，健全养殖档案，规范兽药等投入品的使用，实行质量可追溯体系，提高蜂产品质量安全水平。积极推行定地结合小转地放蜂。引导转地放蜂蜂场科学利用蜜源场地，蜂场之间保持适当的距离。鼓励企业、行业协会（学会）、科研院所和大专院校加大养蜂生产技术推广力度，重点对基地、蜂农合作社、大型养蜂场生产人员的培训。

4. 做好蜜蜂疫病防控

强化蜜蜂疫病防控工作，做到种蜂无主要疫病，从源头上提高蜜蜂健康水平。研制推广一批安全有效、低残留的抗菌类蜂用兽药。进一步加强蜂用兽药生产、销售、使用等管理。严禁在蜜蜂巢础生产过程中添加任何药物。研究推广蜂病现场快速诊断技术，提高蜜蜂疾病的诊断准确率。规范蜜蜂检疫行为。强化蜂场日常卫生和蜂群保健，加强蜜蜂蜂螨、白垩病、孢子虫病等危害严重疫病的防控。

5. 构建质量检测和标准体系

继续加强部级和区域蜂产品质量监督检验测试中心建设，完善质量检测体系运行机制，提高检测能力。鼓励加工企业和合作组织加强蜂产品质量检测能力建设。开展蜂产品质量安全监控与

风险评估，实施例行检测、应急检测和风险评估，及时把握我国蜂产品质量安全现状。修订蜜蜂饲养、蜂病防治、蜂产品生产、蜂产品质量与检测、蜜蜂授粉等标准，建立健全蜂业标准体系。

五、加强对养蜂业发展的组织领导

1. 强化对养蜂业发展的指导和管理

各级农牧部门要把促进养蜂业生产发展列入重要的议事日程，制定养蜂业发展规划，健全工作机制，认真组织实施。要加强行业监管，充实养蜂管理人员队伍，重点养蜂区域要有专门人员负责（其他地区要有兼职人员负责），做到层层有人抓、有制度管、有经费推，及时处理养蜂业发展中遇到的突出问题。要密切关注养蜂业发展过程中出现的新情况、新问题，及时采取应对措施，推进养蜂业持续健康发展。

2. 切实保护蜂农的合法权益

指导和培育养蜂专业合作组织，充分发挥其开展饲养管理技术培训、推进产销衔接、维护蜂农合法权益、加强行业自律等方面的重要作用。逐步推行蜂产品优质优价，完善企业与养殖者的利益联结机制。在转地放蜂集中地区，会同有关部门，妥善解决治安、收费、蜂产品销售、蜜蜂农药中毒、人蜂安全等问题，切实保护蜂农的权益。积极支持建立养蜂业风险救助金制度，不断增强蜂农抵御风险灾害能力。

3. 加强多部门协调配合

养蜂业的发展需要多部门加强配合、形成合力。坚持蜂产品生产与农作物授粉相结合，大力推广蜜蜂饲养技术、授粉技术，加大蜜源植物的保护和利用力度。各级农业、畜牧兽医等相关部门要密切配合、通力合作，发挥各自优势和作用，联合科研院所、大专院校、行业协会（学会）和企业等方面力量，共同促进养蜂业持续健康发展。

附录 C　蜜蜂检疫规程

1. 适用范围

本规程规定了蜜蜂检疫的检疫对象、检疫合格标准、检疫程序、检疫结果处理和检疫记录。

本规程适用于中华人民共和国境内蜜蜂的检疫。

2. 术语和定义

下列术语和定义适用于本规程。

2.1　蜂群。蜜蜂的社会性群体，是蜜蜂自然生存和蜂场饲养管理的基本单位，由蜂王、雄蜂和工蜂组成。

2.2　蜜粉源地。能提供花蜜、花粉，进行养蜂生产的蜜、粉源植物生长地。

2.3　巢房。由蜜蜂修造的，供蜜蜂栖息、育虫、储存食物的六角形蜡质结构，是构成巢脾的基本单位。

2.4　巢脾。是蜂巢的组成部分，由蜜蜂筑造、双面布满巢房的蜡质结构。

2.5　子脾。存在蜜蜂卵、幼虫或蛹的巢脾。

3. 检疫对象

美洲幼虫腐臭病、欧洲幼虫腐臭病、蜜蜂孢子虫病、白垩病、蜂螨病。

4. 检疫合格标准

4.1　蜂场所在地县级区域内未发生本规程规定的动物疫病。

4.2　蜂群临床检查健康。

4.3　未发生美洲幼虫腐臭病、欧洲幼虫腐臭病、蜜蜂孢子虫病、白垩病及其他规定的疫病，蜂螨平均寄生密度在 0.1 以下。

4.4　必要时实验室检测合格。

5. 检疫程序

5.1　检疫申报。蜂群自原驻地起运前和自最远蜜粉源地起运前，货主应提前 3 天向当地动物卫生监督机构申报检疫。

5.2 申报受理。动物卫生监督机构在接到检疫申报后，根据蜂场所在地县级区域内蜜蜂疫情情况，决定是否予以受理。受理的，应当及时派官方兽医到现场或到指定地点实施检疫；不予受理的，应说明理由。

5.3 临床检查

5.3.1 检查方法。

5.3.1.1 蜂群检查。

5.3.1.1.1 箱外观察。调查蜂群来源、转场、蜜源、发病及治疗等情况，观察全场蜂群活动状况、核对蜂群箱数，观察蜂箱门口和附近场地蜜蜂飞行及活动情况，有无爬蜂、死蜂和蜂翅残缺不全的幼蜂。

5.3.1.1.2 抽样检查。按照至少5%（不少于5箱）的比例抽查蜂箱，依次打开蜂箱盖、副盖，检查巢脾、巢框、箱壁和箱底的蜜蜂有无异常行为；查看箱底有无死蜂；子脾上卵虫排列是否整齐，色泽是否正常。

5.3.1.2 个体检查。

对成年蜂和子脾进行检查。

成年蜂：主要检查蜂箱门口和附近场地上蜜蜂的状况。

子脾：每群蜂取封盖或未封盖子脾2张以上，主要检查子脾上的未封盖幼虫或封盖幼虫和蛹的状况。

5.3.2 检查内容。

5.3.2.1 子脾上出现幼虫虫龄极不一致，卵、小幼虫、大幼虫、蛹、空房花杂排列（俗称"花子现象"），在封盖子脾上，巢房封盖出现发黑，湿润下陷，并有针头大的穿孔，腐烂后的幼虫（9～11日龄）尸体呈黑褐色并具有黏性，挑取时能拉出2～5cm的丝；或干枯成脆质鳞片状的干尸，有难闻的腥臭味，怀疑感染美洲幼虫腐臭病。

5.3.2.2 在未封盖子脾上，出现虫卵相间的"花子现象"，死亡的小幼虫（2～4日龄）呈浅黄色或黑褐色，无黏性，且发现大量空巢房，有酸臭味，怀疑感染欧洲幼虫腐臭病。

5.3.2.3　在巢框上或巢门口发现黄棕色粪迹，蜂箱附近场地上出现黑头黑尾、腹部膨大、腹泻、失去飞翔能力的蜜蜂，怀疑感染蜜蜂孢子虫病。

5.3.2.4　在箱底或巢门口发现大量体表布满菌丝或孢子囊，质地紧密的白垩状幼虫或近黑色的幼虫尸体时，怀疑感染蜜蜂白垩病。

5.3.2.5　在巢门口或附近场地上出现蜂翅残缺不全或无翅的幼蜂爬行，以及死蛹被工蜂拖出等情况时，怀疑感染蜂螨病。

5.4　实验室检测。

对怀疑患有本规程规定疫病或临床检查发现其他异常的，应进行实验室检测（《蜜蜂检疫规程实验室检测方法》见附录）。

6. 检疫结果处理

6.1　经检疫合格的，出具《动物检疫合格证明》。《动物检疫合格证明》有效期为 6 个月，且从原驻地至最远蜜粉源地或从最远蜜粉源地至原驻地单程有效，同时在备注栏中标明运输路线。

6.2　经检疫不合格的，出具《检疫处理通知单》，并按照有关规定处理。

6.2.1　经检查发现美洲幼虫腐臭病、欧洲幼虫腐臭病、蜜蜂孢子虫病、白垩病时，禁止外出流动放蜂，货主应按有关规定处理，临床症状消失 1 周后，无新发病例方可再次申报检疫。

6.2.2　经检查发现蜂群患蜂螨病时，货主应就地治疗，达到平均寄生密度（螨数/检查蜂数）0.1 以下时，方可再次申报检疫。

6.2.3　临床检查时发现大量蜜蜂不明原因死亡时，禁止蜂群转场，不得出具《动物检疫合格证明》，并监督货主做好深埋、焚烧等无害化处理。

6.2.4　发现蜜蜂疫病呈暴发流行或新发生的蜜蜂疫病时，按规定程序报告疫情。

6.3　起运前，动物卫生监督机构须监督货主或承运人对运

载工具进行有效消毒。

7. 监督检查

7.1 跨县级区域转地放养蜜蜂时，货主应在蜜蜂到达场地 24 小时内向当地县级动物卫生监督机构报告，并接受监督检查。

7.2 当地县级动物卫生监督机构接到报告后，应及时派官方兽医到现场进行监督检查。

8. 检疫记录

8.1 检疫申报单。动物卫生监督机构须指导货主填写检疫申报单。

8.2 检疫工作记录。官方兽医须填写检疫工作记录，详细登记货主姓名、地址、检疫申报时间、检疫时间、检疫地点、检疫动物种类、数量及用途、检疫处理、检疫证明编号等，并由货主签名。

8.3 监督工作记录。动物卫生监督机构应认真填写监督检查记录，并由货主签名。

8.4 检疫申报单和检疫工作记录应保存 12 个月以上。

附录：蜜蜂检疫规程实验室检测参考方法

1. 美洲幼虫腐臭病

从蜂群中抽取部分封盖子脾，挑取其中的死幼虫 5～10 只，置研钵中，加 2～3 毫升无菌水研碎后制成悬浮液、涂片，经革兰氏染色，在 1000～1500 倍的显微镜下进行检查，发现大量革兰氏阳性的游离状的杆菌芽孢，经细菌培养鉴定确认后，判定为美洲幼虫腐臭病。

2. 欧洲幼虫腐臭病

从蜂群中抽取部分未封盖 2～4 日龄幼虫脾，挑取其中的死幼虫 5～10 只，置研钵中，加 2～3 毫升无菌水研碎后制成悬浮液、涂片，经革兰氏染色后，在 1000～1500 倍的显微镜下进行检查，发现 0.5 微米×1.0 微米呈革兰氏阳性的单个、短链或呈簇状排列的披针形球菌，同时有许多杆菌和芽孢杆菌等多种微生物，经细菌培养鉴定确认后，判定为欧洲幼虫腐臭病。

3. 蜜蜂孢子虫病

在蜂箱门口与蜂箱上梁处避光收集 8 日龄以下的成年工蜂 60 只，取出 30 只（另 30 只备用）消化系统，置研钵中，加 2 ~ 3 毫升无菌水研碎后制成悬浮液，置干净载玻片上，在 400 ~ 600 倍的显微镜下进行检查，若发现卵圆近米粒形，边缘灰暗，具有蓝色折光的孢子，经细菌培养鉴定确认后，判定为蜜蜂孢子虫病。

4. 蜜蜂白垩病

从病死僵化的幼虫体表刮取少量白垩状物或刮取黑色物体在显微镜下进行检查，发现有白色棉絮菌丝和充满孢子球的子囊，经细菌培养鉴定确认后，判定为蜜蜂白垩病。

5. 蜂螨病

从 2 张以上子脾中取机抽取 50 只蜂蛹，在解剖镜下（或其他方式）逐个检查蜂蛹体表有无蜂螨寄生。其中一个蜂群的蜂螨平均寄生密度达到 0.1 以上，判定为蜂螨病。

中华人民共和国农业部

二○一○年十月十三日

附录 D 农业部办公厅关于促进发展养蜂业机械化的通知（农办机〔2013〕22 号）

各省、自治区、直辖市及计划单列市农机、畜牧（农业、农牧）局（厅、委、办），新疆生产建设兵团农业局、畜牧兽医局，黑龙江省农垦总局：

养蜂业是现代农业的重要组成部分，对促进农民增收、提高农作物产量、维持生态平衡具有重要意义。当前，劳动力成本不断上涨，蜂农收入低，养蜂条件艰苦、设施落后、劳动强度大，迫切需要提高机械化水平。为贯彻落实《全国养蜂业"十二五"发展规划》，提升养蜂业机械化水平，促进养蜂业持续健康稳定发展，现将有关事项通知如下。

一、积极支持鼓励先进养蜂机械的研发推广

我国养蜂业属于劳动密集型产业，蜂场规模小，主要原因之

一是养蜂机具研发滞后，先进、适用、安全、可靠的机具供给不足，机械化生产水平与国外相比差距较大。各地农机化主管部门要增强使命感、责任感，主动与畜牧业主管部门沟通协调，联合开展养蜂业机械化调研，切实了解养蜂业对机械化技术的需求；充分利用现有科研支持渠道，积极争取科研投入，为研发机具和技术提供支持；发挥科研院所、大型农机生产企业技术优势，采取引进和自主创新相结合的方法，促进联合攻关，加快养蜂机具研发。要加强对农业机械鉴定机构的指导，主动创造条件对已有和新研发的养蜂机具开展农业机械推广鉴定，将符合先进性、适用性、安全性、可靠性要求的养蜂机械尽快列入支持推广的农业机械产品目录，促进养蜂机具推广应用。

二、进一步加大对养蜂业机械的补贴力度

农业部已将养蜂专用平台（包括蜜蜂踏板、蜂箱保湿装置、蜜蜂饲喂装置、电动摇蜜机、电动取浆器、花粉干燥箱）纳入了农业机械购置补贴范围。各地农机化主管部门要进一步提高对养蜂产业重要性的认识，加大养蜂业机械化的支持力度，在确保公开公平公正和廉洁实施的基础上，科学合理地测算确定养蜂业机具的补贴额，对农民购置养蜂机具要优先安排。

三、继续加强养蜂业机械化的宣传服务

各地农机化主管部门要会同畜牧业主管部门采取得力措施，做好宣传服务工作。要充分利用电视、广播、网络、画册等媒体，运用示范观摩、技术培训、进村入户等形式，广泛开展养蜂业机械化扶持政策和先进技术等方面的信息宣传，组织企业提供养蜂业机具的技术服务，引导蜂农加快应用养蜂机械化先进技术，扩大养蜂机械装备应用范围，提升我国养蜂业机械化装备技术支撑水平，为养蜂业持续健康稳定发展做出积极贡献。

参 考 文 献

[1] 张中印. 高效养蜂 [M]. 北京：机械工业出版社，2014.

[2] 吴杰. 蜜蜂学 [M]. 北京：中国农业出版社，2012.

[3] 陈盛禄. 中国蜜蜂学 [M]. 北京：中国农业出版社，2001.

[4] 中国农业百科全书编辑部. 中国农业百科全书　养蜂卷 [M]. 北京：中国农业出版社，1993.

[5] 张复兴. 现代养蜂生产 [M]. 北京：中国农业大学出版社，2005.

[6] 张中印，陈崇羔. 中国实用养蜂学 [M]. 郑州：河南科学技术出版社，2003.

[7] 匡邦郁，匡海鸥. 蜜蜂生物学 [M]. 昆明：云南科学技术出版社，2003.

[8] 邵瑞宜. 蜜蜂育种学 [M]. 北京：中国农业出版社，1995.

[9] 徐万林. 中国蜜粉源植物 [M]. 哈尔滨：黑龙江科学技术出版社，1993.

[10] 柯贤港. 蜜粉源植物学 [M]. 北京：中国农业出版社，1995.

[11] 云南省养蜂办公室. 云南蜜源植物 [M]. 昆明：云南人民出版社，1980.

[12] 周冰峰. 蜜蜂饲养管理学 [M]. 厦门：厦门大学出版社，2002.

[13] 匡邦郁，匡海鸥. 实用高产养蜂新技术 [M]. 昆明：云南科学技术出版社，1999.

[14] 陈黎红. 蜂产品标准化生产技术 [M]. 北京：中国农业大学出版社，2003.

[15] 余林生. 蜜蜂产品安全与标准化生产 [M]. 合肥：安徽科学技术出版社，2006.

[16] 陈崇羔. 蜂产品加工学 [M]. 福州：福建科学技术出版社，1999.

[17] 吴杰. 蜜蜂病敌害防治手册 [M]. 北京：中国农业出版社，2001.

[18] 王建鼎，梁勤，苏荣. 蜜蜂保护学 [M]. 北京：中国农业出版社，1997.

[19] 杜桃柱. 科学养蜂问答 [M]. 北京：中国农业出版社，2002.

[20] 丁桂玲，石巍. 蜜蜂卵的生物学 [J]. 中国蜂业，2008，59 (7)：53.

[21] 王承赋. 蜜蜂生物学概述 [J]. 中学生生物学，2008，23 (12)：6-8.

[22] 尚玉昌. 蜜蜂的社会生活 [J]. 生物学通报, 2008, 43 (2): 15-17.

[23] 黄文诚. 蜜蜂信息素 [J]. 中国养蜂, 1994 (1): 30-32.

[24] 苏荣. 蜜蜂信息素的研究进展 [J]. 福建农业大学学报, 1995, 24 (2): 231-237.

[25] 匡邦郁. 科学养蜂问答 (五) 怎样饲喂蜂群 [J]. 云南农业, 2001 (5): 19.

[26] 匡邦郁. 科学养蜂问答 (十八) 怎样进行调脾 [J]. 云南农业, 2002 (6): 20.

[27] 匡邦郁. 科学养蜂问答 (四) 怎样移动蜂群 [J]. 云南农业, 2001 (4): 19.

[28] 刘先蜀, 石巍. 人工育王 [J]. 蜜蜂杂志, 1989 (5): 42-43.

[29] 战书明, 李树珩. 怎样检查蜂群 [J]. 养蜂科技, 2003 (6): 12-13.

[30] 黎明林. 怎样检查蜂群 [J]. 蜜蜂杂志, 2001 (4): 10.

[31] 高寿增. 合并蜂群的措施 [J]. 蜜蜂杂志, 2004 (8): 38.

[32] 康龙江, 康振昂, 张黑丽. 蜂群调脾、合并的若干知识 [J]. 蜜蜂杂志, 2002 (4): 37.

[33] 徐士磊, 石丽萍, 汲全柱. 盗蜂的防止 [J]. 中国蜂业, 2008 (5): 20.

[34] 江名甫. 盗蜂的观察分析及防盗止盗措施 [J]. 中国蜂业, 2008 (9): 20.

[35] 关振英. 盗蜂综合防止法 [J]. 中国蜂业, 2006 (8): 19.

[36] 杨立涛, 李金彦. 浅谈蜂群逃亡及防止 [J]. 养蜂科技, 2006 (3): 26.

[37] 王桂清. 蜂群的流蜜期管理 [J]. 养蜂科技, 2006 (1): 13.

[38] 董专勋, 曹俊伟, 王和民. 蜂群四季管理技术 [J]. 河南畜牧兽医, 2004 (3): 43-44.

[39] 余林生. 蜜蜂的秋季管理 [J]. 生物与特产, 1989 (4): 20-22.

[40] 黄林才. 中蜂活框饲养技术 (一) [J]. 蜜蜂杂志, 2002 (1): 15-16.

[41] 黄林才. 中蜂活框饲养技术 (二) [J]. 蜜蜂杂志, 2002 (2): 11.

[42] 关振英. 谈蜜蜂三大疾病的治疗 [J]. 蜜蜂杂志, 2008 (7): 32-33.

[43] 黄文诚. 蜜蜂细菌性幼虫病 [J]. 蜜蜂杂志, 2004 (4): 25-29.

[44] 黄文诚. 蜜蜂细菌性幼虫病 (续) [J]. 蜜蜂杂志, 2004 (5):

21-23.

[45] 崔军，胡斌，于克江. 蜜蜂美洲幼虫腐臭病的流行特点及诊治方法 [J]. 吉林畜牧兽医，2007 (4)：47.

[46] 卢焕仙，夏培康. 蜜蜂欧洲幼虫腐臭病的发生原因及防治措施 [J]. 农村实用技术，2009 (3)：54-55.

[47] 韦公远. 怎样防治蜜蜂败血症 [J]. 致富天地，2005 (1)：31.

[48] 许益鹏，章奕卿，李江红，等. 蜜蜂囊状幼虫病毒病的 Nest-PCR 检测 [J]. 科技通报，2007，23 (6)：824-827.

[49] 金高松，吴胜平. 中蜂囊状幼虫病发生的气象条件初探 [J]. 安徽农业科学，2003，31 (4)：682-687.

[50] 冯峰，陈淑静，尹明标. 蜜蜂麻痹病病毒研究进展 [J]. 病毒学杂志，1987 (3)：227-232.

[51] 成春到. 蜜蜂麻痹病的发病原因与防治 [J]. 科学养殖，2006 (8)：18.

[52] 徐士磊，石丽萍，杨术环. 浅述蜜蜂慢性麻痹病的综合防治 [J]. 现代畜牧兽医，2006 (11)：34.

[53] 曹宪武. 蜜蜂蛹病的诊断与防治 [J]. 河南农业科学，1992 (6)：37-38.

[54] 冯峰. 蜜蜂蛹病及防治技术 [J]. 蜜蜂杂志，1998 (9)：21-22.

[55] 赵磊，杨永红，冯源. 白垩病研究进展 [J]. 中兽医医药杂志，2006 (2)：62-64.

[56] 张立卿，陈崇羔. 预防白垩病重在蜂群日常管理 [J]. 中国蜂业，2008，59 (6)：23.

[57] 冯峰，陈淑静，康雪冬等. 蜜蜂蛹病病毒实验分析报告 [J]. 蜜蜂杂志，1996 (10)：3-6.

[58] 丁桂玲，石巍. 蜜蜂微孢子虫 [J]. 中国蜂业，2008，59 (9)：47-48.

[59] 李惠兰，李作义，高建村，等. 蜜蜂孢子虫病综合防治措施 [J]. 辽宁畜牧兽医，2000 (3)：41-42.

[60] 徐松林. 蜜蜂螺原体病的诱因及对策 [J]. 蜜蜂杂志，2001 (4)：11-12.

[61] 赵学昭. 蜜蜂螺原体病的危害及防治 [J]. 养蜂科技，2001 (4)：21-22.

参考文献

[62] 汲全柱，赵丹. 蜜蜂爬蜂病综合防治技术的探讨 [J]. 现代畜牧兽医，2007 (10)：35.

[63] 袁春颖，丁桂玲. 大蜂螨的生物学及防治方法 [J]. 中国蜂业，2008，59 (10)：69-70.

[64] 剪象林. 大小蜂螨的防治（一）[J]. 蜜蜂杂志，2008 (5)：23.

[65] 剪象林. 大小蜂螨的防治（二）[J]. 蜜蜂杂志，2008 (3)：32.

[66] 剪象林. 大小蜂螨的防治（三）[J]. 蜜蜂杂志，2008 (9)：26-28.

[67] 黄庆. 可引起蜜蜂中毒的植物 [J]. 四川畜牧兽医，2002，29 (10)：48.

[68] 高寿增. 蜜蜂中毒的诊断及防治 [J]. 特种经济动植物，2003 (6)：46.

[69] 王星. 蜜蜂农药中毒的诊断和防治 [J]. 蜜蜂杂志，2007 (8)：32-33.

[70] 中华人民共和国农业部. NY/T 637—2002　蜂花粉生产技术规范 [S]. 北京：中国标准出版社，2003.

[71] 中华人民共和国农业部. NY/T 638—2002　蜂王浆生产技术规范 [S]. 北京：中国标准出版社，2003.